다시 보는 남북 교류·협력

북한의 건축
사람을 잇다

북한의 건축 사람을 잇다

초판 1쇄 인쇄 2022년 4월 26일
초판 1쇄 발행 2022년 5월 4일

지은이 변상욱
발행인 김석종
편집인 김석
편 집 김영남
교 정 이지순
디자인 송근정
마케팅 김광영(02-3701-1325)
인쇄, 제본 OK P&C
발행처 ㈜경향신문사 출판등록 1961년 11월 20일(등록번호 제2-79호)
주소 서울시 중구 정동길3(정동 22) **대표전화** 02-3701-1114

값 16800원
ISBN : 979-11-88940-12-7(93540)
ⓒ경향신문, 2022

다시 보는 남북 교류·협력

북한의 건축
사람을 잇다

변상욱 지음

경향신문

최근 남북 교류·협력이 침체를 벗어나지 못하고 있습니다. 북핵 문제와 코로나 유행이 여전한 가운데 국제 정세는 남북관계의 전망을 어둡게 하고 있습니다. 어려운 상황이 지속되면서 남북 협력에 기대를 가졌던 많은 이들이 실망하고 좌절하고 있기도 합니다.

남북관계는 우리 사회 경제와 국제관계에 절대적 영향을 미치는 중요 현안이자 과제입니다. 남북이 경제문화 협력과 안보 위협 사이를 오갈 때마다 국민 개개인의 생활도 직접적인 영향을 받는 중차대한 문제입니다. 이미 우리는 남북관계에서 때로는 희망을 품고, 또 때로는 실망과 좌절을 겪는 일을 수차례 반복해 왔습니다. 지금 실망과 좌절의 그늘에 있다 해서 희망의 끈을 놓을 수 없습니다. 남북관계는 우리 사회가 언젠가는 풀어 가야 할 숙명적 과제이기 때문입니다.

미래를, 희망을 준비해야 합니다. 남북 상황과 국제환경은 시시각각 변하고 있습니다. 내일의 남북 교류·협력 역시 형식과 내용 모두 달라질 것입니다. 또다시 새롭게 전개될 미래의 남북 교류·협력에서 과거의 시행착오를 반복하지 않기 위해서는 그동안의 경험을 돌아보는 것이 중요합니다. 이러한 점에서 남북 건설 협력 경험을 담은 이 책의 출간은 시의적절하다 할 것입니다.

변상욱 선생을 처음 만난 것은 개성공단이 중단되고 남북관계가 최악의 상태를 벗어나지 못하고 있던 5년 전이었습니다. 개성공단 재개가 불투명한 상황에서도 선생은 향후 공단의 발전을 준비하고 있었습니다. 공간계획과 건축설계를 통한 공단의 발전 전략 구상을 밝히는 선생과 진지하게 의견을 나눈 기억이 새삼스럽습니다. 그리고 코로나 유행이 한창이던 2020년 변상욱 선생이 남북 건설 협력에 대한 원고 초안을 들고 건축정책위원회 사무실을 방문했습니다. 북한의 건축사업들에 대한 세세한 자료들을 앞에 놓고 출판계획에 대해 얘기를 나누면서, 어려운 상황에서도 미래를 준비하는 열정에 경의를 표하지 않을 수 없었습니다.

변상욱 선생은 1999년부터 금강산 관광, 개성공단 개발 등 남북 경협사업에 건축전문가로 활동해 왔습니다. 20년이 넘는 동안 여러 차례 거듭된 남북관계 변화로 겪었을 우여곡절을 생각한다면 그야말로 우직하게 한길을 걸어 왔다고 해야 할 것입니다. 이 책은 변상욱 선생이 오랜 경험에서 얻은 지식과 자료를 미래 남북 협력의 희망을 기다리며 다듬은 소중한 기록입니다. 대북사업 20년의 경험과 희망을 한 권의 책에 모두 담을 수는 없었겠지만, 그중 가장 중요한 사안들을 추려 낸 소중한 기록으로, 후속 작업을 기대토록 하기에 충분합니다.

이 책은 그동안 진행된 대표적인 남북 건설 협력사업들의 내용을 담고 있습니다. 경수로 지원, 금강산 관광, 평양과학기술대학교와 같이 잘 알려진 사업에서부터 천덕리 살림집 건립 등 일반인에게는 거의 알려지지 않은 프로젝트까지 다루고 있습니다. 특히 사업 진행 과정에서 겪은 어려운 고비들과 북한과의 협의 과정 등은 향후 북한 개발과 건설에 관심이 있는 이들뿐만 아니라, 대북사업을 담당하는 실무자들이나 남북 경협에 관심이 있는 이들에게 많은 도움이 될 내용입니다. 책 후반부 싱가포르의 해외 개발 경험과 북한의 외자유치 정책은 향후 남북 교류·협력의 방향과 전략에 많은 시사점을 주는 내용입니다.

이 책이 향후 남북관계를 준비하는 데 더 많은 고민과 논의의 계기가 되기를 바랍니다. 그리고 이 고민과 논의가 남북 건축인들이 개성공단에 모여 한반도의 앞날에 대해 의견을 나누는 날로 이어지기를 기대해 봅니다.

2022년 봄
국가건축정책위원회 위원장 **박인석**

  2019년 2월 세계의 시선은 하노이로 향하고 있었다. 전해 6월 북한의 김정은 위원장과 미국의 트럼프 대통령이 싱가포르의 래플스호텔에서 역사적인 만남을 가졌으나, 북한 비핵화와 남북관계는 좀처럼 진전되지 못하고 있었다. 김정은 위원장은 하노이 북미정상회담을 위해 열차로 중국을 횡단했다. 하노이로 향하면서 중국의 시진핑 주석을 만나고 도시들을 돌아보면서 화제를 집중시켰다. 미국의 국무부 장관이 평양을 방문해 회담에 대해 논의했고, 트럼프 대통령도 연일 트위터에서 김정은 위원장에 대한 호감을 드러내어 회담에 대한 기대가 컸다. 그러나 하노이 회담은 결렬되었다.

  정상회담 결렬에도 불구하고 북한 핵 문제 해결과 남북관계 개선을 위한 노력은 지속되었다. 2019년 6월 한국, 북한 및 미국 정상이 판문점에서 만났고, 10월에는 스웨덴 스톡홀름에서 북한 비핵화를 위한 북미 간 실무협상이 열렸다. 비록 본협상 40분 만에 북한 대표가 결렬을 선언하고 퇴장했으나, 북미 간 추가 협상이 추진되고 있었다. 그러나 2019년 말 발생한 코로나19의 전 세계적 유행 이후 북한 비핵화 협상과 남북관계는 진전되지 못하고 있으며, 전망도 불투명한 상황이 지속되고 있다.

코로나19 유행으로 믿기 힘든 상황이 벌어지고 있다. 수많은 사람들이 목숨을 잃었고, 외출과 모임이 금지되기도 하며, 다양한 곳에서 다양한 형태로 경제적인 어려움을 겪고 있다. 그러나 한국은 코로나에 가장 잘 대응한 국가 중 하나이다. 전면 봉쇄를 하지 않고도 성공적인 방역을 했고, 전 세계가 경제적 어려움을 겪고 있는 가운데 반도체, 2차전지, 조선, 자동차, 방위산업 등의 선전으로 2021년에는 사상 최대의 수출 실적을 기록했다. 이러한 성과로 한국은 유엔무역개발회의(UNCTAD)에서 선진국으로 인정받았다. 제조업과 첨단산업만이 아니라 한국 문화산업은 눈부신 활약을 하고 있다. K-POP, 드라마, 영화 등은 한때 유행하고 말 것이라는 예상도 있었으나, BTS는 세계 최고의 아이돌로 인정받고 있고, '오징어 게임'과 '지금 우리 학교는' 등의 인기에 힘입어 한국 문화는 하나의 문화현상으로 불리고 있다. 또한 게임산업은 미국, 중국, 일본에 이어 세계 4위 수준이며, 세계 1·2위의 웹툰 포털은 한국 업체가 차지하고 있다. 그러나 경제적 성과에도 불구하고 한국의 미래를 우려하는 목소리는 여전하다.

현재도 휴전선을 경계로 세계 최대의 군사력으로 대치하고 있고, 육지로 다른 나라를 갈 수 없는 섬 아닌 섬나라 상태를 벗어나지 못하고 있다. 분단으로 인한 이념 대립도 국가발전을 저해하고 있다. 이를 극복하지 못하면 한국의 발전은 한계를 가질 수밖에 없다. 그러므로 남북 교류·협력은 향후 한국 경제의 어려움을 타개할 수 있는 가장 중요한 요소이다. 남북 교류·협력에서 추진하는 북한 개발과 대륙과의 교통망 연결은 경제성장의 동력은 물론 한반도 평화의 계기가 될 것이다. 그러므로 현재 남북관계의 어려움에도 불구하고 향후 남북 교류·협력 재개에 대비한 철저한 준비가 필요하다.

1990년대 초반, 한국 기업들은 냉전 해체에 따른 급격한 국제환경 변화와 임금 인상 등 국내 경제여건 변화에 대응하기 위하여 사회주의 국가와 교역, 공장의 해외 이전 등을 추진하고 있었으며, 북한과 교역 및 경제 협력에 대한 관심도 높았다. 건설업계는 유가 하락으로 침체된 중동 건설시장을 대체할 수 있는 새로운 시장으로 북한을 바라보고 있었다. 북한의 낙후한 도로, 철도, 전력 등 대규모 인프라 복구가 필요하고, 비용은 북일 수교 시 일본이 북한에 지급하는 배상금(200억 달러), 북한의 천연자원 개발 등으로 충당이 가능할 것으로 예상했다. 그러나 1990년대 초반에는 북한 관련 정보가 제한되어 있었고, 남북 경협의 경험이 거의 없었으므로 북한 관련 기대는 막연한 측면이 있었다.

많은 기관과 기업들이 최근 남북관계의 어려움에도 불구하고 남북 교류·협력에 큰 기대를 하고 있지만, 지금도 대북사업에 대한 구상은 피상적인 수준에 머물고 있는 것 같다. 남북 경협이 시작된 지 30년이 경과했지만 북한에 대한 자료는 여전히 부족하고, 그동안 추진된 남북 경협 사업의 경험이 잘 알려지지 않고 공유되지 않은 것이 원인일 것이다.

남북 경협사업은 1988년 7·7 선언(민족자존과 통일번영을 위한 대

북한의 건축 사람을 잇다

통령 특별선언)으로 시작되었으며, 1989년 대우가 제3국을 거쳐 도자기를 반입한 것이 최초의 남북 교역이었다. 남북 경협사업은 1991년부터 본격화되었다. 1991년에는 남북기본합의서 및 한반도비핵화선언이 채택되었고, 1990년 제정된 남북교류협력법 및 남북교류협력기금법이 발효되어 남북 교류·협력에 대한 법적인 장치가 마련되었으며, 남북 교역 금액이 1억 달러를 넘어섰다. 또한 1990년은 소련에 이어 중국과 수교를 한 해이기도 하다.

이후 남북 경협은 외환위기, 남북관계 악화에 의하여 일시적으로 위축되기도 했으나, 2016년 개성공단 전면 중단 이전까지 지속적으로 확대되었다. 1998년 금강산 관광과 2003년 개성공단 착공으로 교역 및 위탁가공사업 위주의 남북 경협은 관광, 개발, 인프라 구축 등 새로운 단계로 접어들었다. 남북 교역액은 2005년 10억 달러, 2007년에는 17억 9000만 달러를 기록했다. 이는 북한 총무역액(남북 경협 제외)의 38%로 북중 교역 액에 근접하는 수준이었다. 2010년 천안함 폭침에 따른 5·24 대북투자제한 조치로 개성공단을 제외한 남북 경협사업이 전면 중단되었으나, 2015년 개성공단을 통한 남북 교역액은 27억 달러에 달하였다. 2015년 북한의 남북 교역을 제외한 무역액이 67달러였으므로 북한 경제에 남북 경협사업이 미치는 영향력은 5·24 조치 이후에도 적지 않은 것이었다.

그리고 남북 교류·협력은 남북한 주민들에게도 영향을 주었다. 북한은 남한의 사업 관계자 및 근로자들과 작업을 하면서 남한 사회를 이해하고 시장경제 제도를 학습하게 되었으며, 소득 증가를 통하여 주민생활을 향상시키기도 했다. 남한도 북한을 보다 객관적으로 바라볼 수 있게 되었고, 남북 간 협력을 통한 경제성장의 가능성을 확인하기도 했다. 또한 남북 교류는 접경지역 발전에 상당히 기여했다. 이를 통하여 남북 간 상호 신뢰를 회복하고, 긴장을 완화하기도 했다.

이러한 남북 교류·협력에서 상당한 비중을 차지하는 것이 건설 협력사업이었다. 건설업계는 해외 건설에 많은 경험을 가지고 있었으므로 1990년대 초부터 북한을 대상으로 한 개발 및 건설사업 진출을 적극적으로 검토했지만, 남북 건설 협력사업은 1990년대 중반에 이르러 시작되었다. 1994년 북한이 핵을 포기하는 대가로 100㎾급 경수로 2기를 건설해 주기로 북미 간에 약속한 제네바 합의에 따라 추진된 경수로 지원사업을 최초의 남북건설협력사업으로 볼 수 있다. 경수로 지원사업은 국제기구인 한반도에너지개발기구(KEDO)를 구성해 추진했지만, 건설은 한국 대형 건설사 컨소시엄이 담당했다. 경수로 지원사업은 최초로 북한에 인프라(발전소) 건설을 추진한 사업이며, 규모가 40억 달러에 이르는 사업이었다. 그리고 최초로 대규모 남한 인력이 상주하고 북한 인력을 직접 고용한 사례이기도 하다. 또한 남북 간 해운 정기항로와 항공 직항로를 운영하기도 하였다. 경수로 지원사업은 국제 정세의 영향으로 실제로 2003년 중단(공식적으로는 2006년 중단)되었지만, 이러한 경험은 이후 이루어진 여러 남북 경협 및 건설 협력사업에 참고가 되었다.

이후 건설업계에서 기대한 규모에 미치지는 못하였으나 금강산 관광시설, 평양 류경정주영체육관, 남북 철도·도로 연결사업, 개성공업지구 개발, 금강산 이산가족 면회소 등 상당한 규모의 남북 건설 협력사업이 진행되었다. 남북한 종교 교류를 통하여 령통사와 신계사가 복원되고 봉수교회가 건설되었으며, 민간 대북지원단체는 북한에 여러 개의 병원을 건립했다.

남북 건설 협력사업은 다양한 형태로 진행되었다. 령통사와 같이 북한이 설계와 건설을 담당하고 남측은 자재와 장비를 지원한 경우, 평양 라이온스안과병원처럼 남한이 설계를 하고 북한이 시공을 한 경우, 평양 류경정주영체육관, 개성공단 통행검사소 등과 같이 남북이 공동으로 건물을 설계한 경우, 남한이 설계하고 북한 인력을 남한 건설사에서 고용하여 건설한 경우, 남한이 설계와 건설 투자를 하고 시공은 중국 건설사에서 한 경우 등 여러 방식이었다. 사업 규모도 금강산 관광이나 개성공업지구처럼 광범위한 지역을 개발하는 대규모에서부터 학교나 병원 리모델링 지원 같은 소규모 사업까지 다양하게 추진되었다.

이러한 사업 추진 시 서로의 사회체제가 다르고 이해가 부족해 많은 어려움이 있었으나, 대부분의 사업은 성공적으로 진행되었다. 또한 남북 건설 협력사업을 통해 북한의 건설 생산 시스템, 건축 기술 수준을 제한적이지만 이해하는 계기도 되었다. 그러나 기업이나 민간 지원단체에서 추진한 소규모 건설사업은 잘 알려져 있지 않으며, 북한 봉산군 천덕리에 400채의 살림집을 건설하는 사업처럼 대규모로 수년간 추진되었음에도 일반인에게는 거의 알려지지 않은 사업도 있다. 또한 경수로 지원, 금강산 관광, 개성공업지구 등 대규모 사업들도 구체적인 현황은 잘 알려져 있지 않고, 사업자 간에 정보 공유가 부족하여 동일한 시행착오와 실수를 반복하기도 했다.

남북 교류·협력이 재개되는 경우 그동안의 교류·협력과는 비교가 되지 않는 규모와 속도로 진행될 가능성이 높다. 남북 경협이 활발하였던 2000년대 초중반에도 국내외의 여러 제약으로 인하여 사업 추진에 한계가 있었다. 향후 남북 교류·협력 재개는 북한에 대한 경제적, 외교적 제재의 상당 부분 해제를 전제하는 것이므로 남북 경협은 기존에 비해 대폭 확대될 것이며, 특히 건설 분야는 철도, 도로, 발전소 등 인프라 건설 및 경제개발구 개발 등 대규모 사업이 본격적으로 추진될 것이다. 그러므로 향후 남북 건설 협력사업에서 시행착오를 방지하고 성공적으로 추진하기 위해서는 그동안의 남북 건설 협력사업에 대한 전반적이고 구체적인 이해가 필요하다.

이 책에는 그동안 진행된 건설 협력사업 중 규모, 의의 등을 고려해 몇몇 사업을 선별해 실었다. 책 내용 중 일부는 필자의 경험을 토대로 했으나, 많은 부분은 언론보도, 단행본, 백서 및 논문 그리고 사업 관계자들의 면담을 기초로 작성했다. 특히 이 책의 원고를 위해 사업 관련자들로부터 사업 진행 과정에 대한 이야기와 의견을 들었으며 사업과 관련

북한의 건축 사람을 잇다

된 사진, 영상 및 도면 자료 등을 협조받았다. 이러한 도움이 없었으면 이 책을 쓸 수 없었을 것이다.

책을 출간하면서 몇 가지 아쉬운 점들이 있다. 수집한 자료가 많았지만 책의 분량상 담지 못한 내용이 많다. 또한 자료를 찾고 관계자들의 이야기를 들었음에도 불구하고 일부 사업 추진 과정의 확인이 어려워 제외한 부분도 있다. 그리고 관계자들로부터 협조받은 자료는 대부분 공개되지 않은 귀한 사진 및 도면들이지만 일부분만 소개하는 아쉬움이 남는다. 더불어 대표적인 남북 경협사업이라고 할 수 있는 개성공업지구 개발사업은 규모가 크고, 한정된 지면으로 다루기 어려워 포함하지 못했다. 이 책에 담지 못한 건설 협력사업의 내용과 개성공업지구 개발사업에 대해 다룰 수 있는 기회가 있기를 기대한다.

남북 교류·협력사업의 성공적인 추진을 위해서는 그동안 진행된 협력사업 외에 북한에 대한 이해가 중요하듯이, 남북 건설 협력사업을 위해서는 북한 건설산업 구조의 이해가 필요하다. 필자는 북한 건설산업 구조의 이해를 돕기 위하여 2021년 3월부터 12월까지 <월간 건축사(건축사협회 발행)>에 건축설계, 시공, 자재 생산, 교육, 행정 시스템 및 법규 관련 내용을 '북한건축워치'라는 이름으로 연재했다. 관심이 있는 분들은 <월간 건축사> 홈페이지(kiramonthly.com)를 참고하면 좋겠다.

목차 ____

추천하는 글 ··· 5

들어가는 말 ··· 8

PART 1 | 다시 보는 남북 건설 협력사업

1. 금강산 관광 ··· 22
다양한 아이디어가 적용된 숙소
이산가족 면회소
온정리인민병원과 금강산영농장

2. 개성 령통사 복원 ·· 34
령통사 지원사업의 시작
복원 지원사업의 과정
성과와 전망

3. 평양 류경정주영체육관 ··· 44
남북 스포츠 교류의 역사
평양 류경정주영체육관
남북 체육 교류, 새로운 시작

4. 금강산 이산가족 면회소 ··· 54
2000년 이전 이산가족 상봉은 단 한 차례
상봉 제도화와 상시적 만남 장소 확보
2005년 착공, 공사 기간 연장 끝에 완공

5. 북한 경수로 건설 ·· 62

　북핵 위기

　경수로 건설 공사

　경수로 공사의 의의와 시사점

6. 평양라이온스안과병원 ································ 72

　국제라이온스협회 지원과 국내 모금으로

　북측에 도급 준 골조 공사의 어려움

　한국 안과 의사가 북측 교육도 실시

7. 남북을 넘어 대륙 물류망의 시발점 ··········· 84

　남북 철도와 도로 연결사업

　경의선과 동해선 철도·도로 동시 착공

　남북 교통망 연결로 바뀔 세상

8. 남북이 함께 만든 교회 ······························ 94

　북한의 칠골교회와 봉수교회 건립

　북한 지역 교회 건립을 위한 노력

　2008년 4월 남북 공동 예배

9. 남북 모두가 '윈윈'하는 광물자원 협력 ····· 108

　북한산 모래 반입사업

　남북관계 경색으로 중단된 모래 반입

　북한 석재 개발

10. 지속적이고 체계적인 북한 어린이 보건의료 지원·············· 116
평양어린이어깨동무병원 건립
평양의과대학 어린이어깨동무소아병동
남북 협력으로 건설된 소아병동
지속성·연계성이 필요한 북한 어린이 보건의료 지원

11. 남북 불교와 문화유산 사반세기 교류·············· 130
신계사 복원과 금강산국제그룹
마지막 모습 그대로 복원
국내산 금강송으로 복원한 신계사
불교 교류는 복합 교류로

12. 남북과 교포가 손잡고 만든 북한 최초의 사립대학교·············· 146
평양과학기술대학교 설립
김정일 위원장이 군부대 옮기고 부지 확정
우여곡절 끝, 합의 8년 만에 준공

13. 북한 천덕리 주민들에 새 보금자리 선물·············· 158
'남북나눔운동' 주도로 시작
22년간 1520억 원 규모 지원
기존 집 철거 후 새로 건축
남북 농업 협력 가능성 제시

14. 새로운 미래를 위하여·············· 174
일회성 사업에 그친 과거 교류
남북관계 고려된 신도시 개발
한국 경제 도약을 위해선 필수

PART 2 | 북한의 외자유치 정책 ⸺⸺⸺⸺⸺⸺⸺ **185**

1. 1980년대 이전 북한의 경제 상황과 국제 정세⸺⸺⸺⸺ **189**

2. 1980년대의 외자유치 정책 ⸺⸺⸺⸺⸺⸺⸺ **191**

3. 1990년대의 외자유치 정책 ⸺⸺⸺⸺⸺⸺⸺ **206**

4. 1998~2008년의 외자유치 정책 ⸺⸺⸺⸺⸺⸺ **226**

5. 2008년부터 현재 ⸺⸺⸺⸺⸺⸺⸺⸺⸺ **235**

6. 시사점 및 대책 ⸺⸺⸺⸺⸺⸺⸺⸺⸺ **249**

PART 3 | 싱가포르의 해외 개발과 북한 개발 ⸺⸺⸺ **261**

1. 우리가 모르는 싱가포르⸺⸺⸺⸺⸺⸺⸺⸺ **266**

2. 싱가포르의 복제도시 만들기 ⸺⸺⸺⸺⸺⸺ **275**

3. 싱가포르의 해외 도시 개발과 북한 개발 ⸺⸺⸺ **286**

감사의 글⸺⸺⸺⸺⸺⸺⸺⸺⸺⸺⸺⸺ **290**

PART 1

다시 보는 남북 건설 협력사업

남북 경협사업이 1980년대 말부터 시작돼 30년 이상 진행됐음에도 내용은 잘 알려져 있지 않았다. 1990년대의 경수로 지원사업부터 2000년대의 금강산 관광, 종교 및 남북 의료 협력사업 시 진행된 주요 남북 건설 협력사업을 정리했다. 자료를 정리하면서 그동안 공개되지 않았던 사진들을 찾아낸 것은 성과지만 아쉬움도 있다. 대우남포공단, 평양과기대, 개성공단, 조용기심장병원 등은 자료가 부족하거나 정보를 공개하기 어렵거나 지면이 한정돼 내용을 제한적으로 다룰 수밖에 없었다. '다시 보는 남북 건설 협력'이 향후 전개될 남북 건설 협력사업에 작게나마 도움이 되었으면 한다.

1 | 금강산 관광

상상 속의 명산을 직접 밟아 보다

해금강 설경 / 사진작가 이정수

북한의 건축 사람을 잇다

내게 금강산은 수많은 글과 노래, 그림 등 예술 작품에나 나오는 상상 속의 산 같은 것이다. 그래서 1998년 11월 금강산 관광을 위해 동해항에서 출발하는 금강호를 보며 비현실적인 감흥을 느꼈다.

　금강산 관광 논의는 1989년 현대그룹 정주영 회장이 북한을 방문해 금강산 관광사업에 합의하면서 시작됐다. 정주영 회장은 냉전 체제가 해체되면 북한과의 사업이 현대그룹 도약의 계기가 될 것으로 생각했다고 한다. 하지만 국내외 정세 때문에 본격적인 사업 추진에는 어려움이 있었다. 대표적인 사례가 정주영 회장의 1992년 대통령 선거 낙선이었다. 현대그룹의 대북사업은 1998년 정권 교체 시까지 중단됐다.

　정권이 바뀐 후 정주영 회장은 대북사업을 적극 추진했다. 1998년 6월 22일 현대그룹과 조선아시아태평양평화위원회가 금강산 관광사업에 관한 계약을 체결했다. 계약 체결에 앞서 6월 16일 정주영 회장은 소 떼 500마리와 함께 북한을 방문했다. 이 장면은 CNN을 통해 전 세계에 생방송으로 중계됐다.

　금강산 관광은 육로를 이용하는 것이 불가능했다. 군사분계선 통과가 유엔사 관할이기 때문이다. 또 금강산에 관광객을 위한 숙박시설도 없었으므로 배에서 숙식이 가능한 크루즈를 이용해 관광하기로 했다. 이에 따라 크루즈 4척을 말레이시아의 스타크루즈에서 임대했다. 크루즈의 이름은 금강호, 봉래호, 풍악호, 설봉호였다. 금강산의 사계절 이름에서 따온 것이다.

온정각 주변 일대 전경 / 현대아산

다양한 아이디어가 적용된 숙소

초기 숙소로 이용된 해금강호텔은 바지선 위에 호텔을 건축한 세계 최초의 플로팅 호텔이었다. 7층, 160실 규모로 건조 당시 세계적 이슈가 됐다. 인프라가 없었던 초기 금강산 관광에 전력, 용수, 오수 처리 등을 자체적으로 할 수 있는 해금강호텔은 유용한 해결책이었다. 그러나 엔진 소음, 진동과 흔들림에 의한 뱃멀미로 금강산호텔, 외금강호텔이 건립된 후에는 선호되는 숙소는 아니었다.

온정각은 관광객 휴게시설로 1999년 2월 개관했다. 온정각에는 식당과 판매점이 있었다. 짙은 붉은색 계통의 지붕에 외장재는 적삼목을 사용했다. 현대그룹은 금강산 특성을 고려해 시설들을 저층으로 건립하고 붉은색의 경사지붕, 외장은 목재를 사용한다는 기준을 마련했다. 온

북한의 건축 사람을 잇다

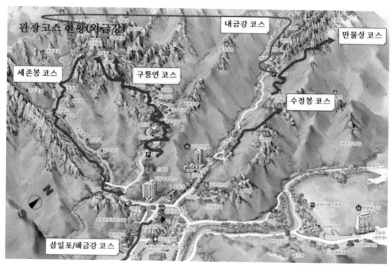

금강산 관광 안내도 / 현대아산

정각 건너편에는 동관을 2005년 추가로 개관했다. 기존 온정각은 1층이었으나 동관은 2층으로 건축됐다.

문화회관은 북한의 서커스 공연을 위해 건립한 건물이다. 스페이스 프레임과 막 구조로 건립됐다. 막 구조는 2002년 월드컵경기장을 건축하면서 국내에 많이 도입된 구조로 1998년까지는 잘 사용되지 않았기 때문에 일반 구조에 비해 고가였다. 하지만 기둥이 없는 큰 공간을 짧은 기간에 건축할 수 있다는 장점이 있었다.

1999년 11월에는 금강산온천장이 준공됐다. 평화문제연구소에 따르면 금강산 온천은 400년 전에 발견됐으며, 금강산에서 유일한 온천이라고 한다. 온천수가 솟아나는 곳에 욕탕을 지어 바닥에서 온천수가 올라오는 구조로 돼 있다고 한다. 현대아산은 온정각에서 금강산여관으로

1 바지선 위에 호텔을 만든 해금강호텔. 세계 최초의 플로팅 호텔
2 북한의 서커스 공연장. 외부를 덮은 막과 내부를 지지하는 스페이스 프레임으로 구성
3 평양의 냉면 전문 음식점 옥류관의 금강산 분점 / 현대아산

북한의 건축 사람을 잇다

향하는 길목에 온천장을 건설했다. 기존 북한의 온천장에 배관을 이어 온천수를 공급했으며, 동시에 1000명이 이용할 수 있는 규모였다. 금강산은 눈이 자주 오는 지역으로 노천탕에서 눈을 맞으며 온천욕을 즐길 때가 가장 기억난다는 금강산 관광객들이 많았다.

저렴한 숙소 확보도 필요했다. 북한이 금강산 관광을 위해 1981년 건설한 금강산여관을 임대해 2003년 6월부터 리모델링 공사를 시작했다. 금강산여관은 본관(12층 객실 167개)과 부속동 3개(봉래동, 풍악동, 설봉동)로 구성돼 있었다. 부속동을 포함하면 객실 수가 총 219개였다. 금강산여관 리모델링 공사는 북한의 건축 수준을 파악할 수 있는 기회이기도 했다. 2000년대 초반까지 남한에서는 북한의 철근 콘크리트 구조 건축 기술 수준이 상당하다고 생각하는 사람들이 많았다. 그러나 금강산여관 리모델링을 위해 건물을 조사한 결과 여러 문제점이 발견되기도 했다.

금강산여관은 착공 1년 만인 2004년 7월 개관했다. 리모델링은 구조체만 남겨 두고 구조 보강을 비롯해 전기, 냉난방 등 신축에 가까운 규모로 시행했다. 공사는 북한 인력을 이용해 진행했다. 이들은 금강산 외 지역의 청년들로 남측 기술자들이 기술을 가르치면서 공사를 했다. 금강산여관은 이후 금강산호텔로 이름이 바뀌었다.

초기에는 식당시설도 없어 관광객은 도시락으로 점심식사를 해야 했다. 이후 온정각, 해상호텔 등에 식당을 만들면서 이용이 가능해졌다. 특히 금강산 옥류관은 평양의 냉면 전문 음식점 옥류관의 금강산 분점으로 2005년 8월 개관했다. 북한의 백두산건축연구원이 기본 계획설계를 하고 남한의 건축사사무소에서 실시설계를 했다. 옥류관은 평양과 같이 한옥 지붕을 가진 절충형 건물이었다. 내부에는 북한 예술가들이 그린 벽화가 설치돼 있었다. 평양 옥류관의 요리사가 파견돼 평양과 동일한 메뉴(냉면·온반 등)를 판매했다.

이외에도 금강산에는 패밀리마트(현 CU)가 있었다. 2002년 11월 온정각과 금강빌리지에 처음 문을 열었고 2008년 금강산 관광 중단 전까지 3개 매장을 운영했다. 패밀리마트는 한때 평양 진출을 추진하기도 했다.

이산가족 면회소

금강산은 남북 이산가족 상봉에서도 가장 중요한 장소였다. 총 22번의 대면 상봉 중 4번을 제외하고 모두 금강산에서 이루어졌다. 이산가족 면회소는 금강산 온정리 지역에 12층 규모로 건립됐다. 면회소동(12층)과 사무소동(3층) 2개 동으로 이루어져 있다. 면회소동 1~2층엔 600명을 수용하는 행사장과 회의실, 편의시설 등이 있고, 3~4층에 호텔 구조 78실, 5~12층에 콘도 구조 128실 등 총 206실의 객실에 최대 1000여 명을 수용할 수 있도록 설계됐다. 2005년 착공해 2008년 준공했다. 사업비는 540억 원 정도로 알려져 있으며 남북협력기금으로 충당했다. 2018년까지 총 4차례 이산가족 상봉 행사가 열렸다.

온정리인민병원과 금강산영농장

금강산에서는 남북 의료 협력사업이 진행되기도 했다. 2006년 북한은 현대아산을 통해 금강산 온정리인민병원 개·보수 지원을 요청했다.

기존에 있던 금강산 온천장 / 현대아산

현대아산에서 건설한 온천장 / 현대아산

현대아산에서 건설한 온천장으로 자연석으로 꾸민 노천탕이 일품이다. / 현대아산

북한의 건축 사람을 잇다

김정숙휴양소를 리모델링해 개관한 외금강호텔 / 현대아산

온정리인민병원에는 내과, 외과, 소아과, 산부인과 등이 있었다. 주민 8700명을 치료하는 병원이었으나 시설이 열악했다. 보건복지부는 산하 단체인 국제의료보건재단을 통해 건물의 단열, 난방 등을 개·보수하고 각종 의료시설도 지원했다. 북한 환자의 진료와 치료는 남한 의사와 북한 의사가 함께했다. 특히 산부인과 치료, 안과 치료(백내장 수술) 등에 주민의 호응이 컸다고 한다.

현대는 관광에 사용되는 식자재 중 농산물을 금강산 현지에서 생산해 조달하는 방안도 추진했다. 금강산 관광 시 식자재를 모두 해상으로

북한의 건축 사람을 잇다

운송하면 비용이 많이 들고 신선도 유지도 어려웠기 때문이다. 1999년 현대는 북한의 금강총회사와 협의해 3만 평(9만 9174㎡) 규모의 온실을 설치했다. 최초의 농산물 납품은 2000년 3월 이루어졌다. 농업 기술 전수를 위해 남한의 농업 전문가도 파견했다. 그러나 농작물 생산과 납품 현장은 금강산 관광 지역과 영농장이 5㎞ 정도 거리임에도 남한 인원이 방문할 수 없었다. 전화 통화도 불가능해 많은 어려움을 겪었다. 또한 땅이 척박하고 출하 시 수량과 품질 검사가 제대로 되지 않아 적정 품질과 수량을 확보하는 데도 어려움이 많았다. 북한은 농작물을 현대에 납품할 때 수출로 간주해 검역하기도 했다.

어떤 사람들은 현대그룹이 어려움에 처한 것이 금강산 관광사업 때문이라고 말하기도 한다. 하지만 금강산 관광사업은 2003년 육로관광이 시작된 후 2005년부터 흑자를 기록했으며 2007년에는 162억 원의 순이익을 거뒀다. 2008년 8월 금강산 관광이 중단되기 전 누적 관광객은 거의 200만 명에 달했다. 2008년 금강산 관광이 중단되지 않았다면 10년 내에 투자비를 회수했을 가능성이 있었다. 여러 면에서 금강산 관광 중단은 안타까움이 크다.

산허리에 안개가 자욱한 금강산. 다시 한번 가고 싶다. 될 수 있으면 완행열차를 타고 철원을 거쳐 설레는 마음으로.

2 | 개성 령통사 복원

불교 및 문화유산 교류의 시작

개성 령통사 복원 후 전경 / 나누며 하나되기

북한의 건축 사람을 잇다

북한 개성 령통사 복원사업은 남북 불교 협력과 문화유산 교류 두 가지 측면에서 의의가 있다. 먼저 남북 불교 협력 측면에서 령통사 복원사업은 신계사 복원사업과 더불어 불교계의 대표적인 협력사업이었다. 사찰 복원 후 매년 법회와 행사를 개최했고, 2010년 천안함 사태로 5·24 북한 투자제한 조치가 내려진 뒤에도 2015년까지 교류를 지속했다.

문화유산 교류 측면에서 령통사 복원사업은 대표적인 사찰 복원사업으로 의의가 있다. 남북 문화유산 교류는 1988년 민족자존과 통일번영을 위한 특별선언(7·7 선언)을 계기로 국내에서 검토되기 시작했다. 최초의 남북 문화유산 교류는 일본 연구자 중심인 아시아학회에서 개최한 1990년 3월의 학술대회였다. 이후 남북 문화유산 교류는 2015년 이전까지 다양한 분야에서 확대돼 약 35개 사업이 진행됐다.

개성 령통사 복원사업은 남북 불교 협력과 문화유산 교류에서 중요한 위치를 차지하고 있으며, 남북관계 개선 시 령통사가 불교 및 문화유산 교류의 거점 역할을 할 것으로 기대된다.

령통사 지원사업의 시작

령통사는 개성시 용흥동 오관산에 있다. 고려 문종의 넷째 아들인 대각국사 의천이 11세인 1065년 령통사에서 출가했고, 입적 후에는 이곳에 탑비가 건립됐다. 령통사는 왕과 왕비의 진영(초상화)을 모신 왕실의 원찰로 매우 중요한 사찰이었으며, 조선 초기에도 개성의 대표적인 사찰

령통사의 중심 건물인 보광원에 모셔진 부처상 / 나누며 하나되기

이었다.

령통사는 1995~1996년 북한 대홍수 당시 절터를 덮고 있던 토사가 쓸려 가며 흔적이 드러났다. 령통사 발굴 조사는 김정일 위원장이 현장을 직접 방문하며 전국적인 사업이 됐다. 연 3만 명이 동원됐으며 일본 다이쇼대학도 참여했다.

북한은 령통사 발굴 작업과 더불어 복원을 추진했다. 1999년 11월 북한 중앙통신은 령통사의 복원설계를 끝냈다고 발표했다. 복원설계에 따르면 령통사는 약 4만㎡의 부지에 고려 시대 사원 건축술을 구현한 수십 동의 건물을 짓는 것으로 기본 사찰지구, 동북 무덤지구, 서북 건축지구 등 세 구역으로 나눠 복원되며 사찰의 총 건축 면적은 약 2800㎡에 달했다.

국내 불교계는 의천이 개성 국청사에서 천태종을 개창했다고 주장하지만 북한은 령통사를 천태종 발원지라고 주장했다. 의천이 1065년 출가해 이 사찰에서 35년간 승려 생활을 하며 천태종을 창시했다는 것이다. 이에 따라 1998년 5월 령통사 복원에 한국 천태종의 지원을 요청했다. 지원 요청은 재일동포 최준 씨와 재일본조선인총연합회(조총련) 부의장 김수식 씨를 통해 천태종 총무원장인 전운덕 스님에게 전달됐다. 천태종은 구두로 지원을 약속하고 현지답사를 제안했다. 북측은 천태종의 현지답사를 승인했으며, 2000년 11월 천태종 스님, 신도 대표, 학자 등 13명이 방북해 현장 조사와 복원을 협의했다.

북측은 자재 부족 등으로 령통사 복원을 중단한 상태였다. 천태종과 북측은 령통사 복원 지원 여부와 성지순례 등에 대해서는 의견이 일치했지만, 지원 방식(천태종은 현물 지원을 하려고 했으나 북측은 현금 지원을 요구)에 대한 이견으로 합의에 실패했다.

령통사 복원 지원 관련 협의는 중국 베이징에서 2003년 4월 재개됐다. 양측은 2003년 8월 5일 베이징에서 한국 천태종이 북측에 기와 40만 장을 지원한다는 합의서를 체결했다.

복원 지원사업의 과정

베이징 합의에 따라 기와의 최초 지원은 2003년 10월 27일로 결정됐지만 운송 방법을 두고 난항을 겪었다. 북측은 기와를 해로로 인천에서 남포로 운송한 후 다시 육로로 개성으로 운송하는 방안을 제시했다. 천태종은 해상 운송 후 다시 육상 운송을 하면 여러 번 옮겨 실으면서 기와가 훼손될 수 있고 비용과 시간도 많이 소요되므로 육로를 통한 운송을 주

복원 전 령통사 / 한국학중앙연구원

장했다.

합의는 쉽지 않았으나 김정일 위원장이 직접 육로 운송을 지시하며 육로를 통해 2003년 10월 27일 최초로 기와 10만 장이 지원됐다. 연이어 11월 2차, 12월 3차 지원을 통해 총 26만 장의 기와가 들어갔다. 그러나 4차 지원 준비 중 북측에서 기와를 령통사 복원 현장이 아닌 개성공단에 하역하고 돌아가라고 통지했고, 천태종이 동의하지 않아 4차 지원은 중단됐다.

이후 현장까지 운송하는 것으로 합의하고 2004년 2월 다시 지원을 시작했다. 2004년 3월 26일 령통사 29개 전각을 위한 46만 장의 기와 지원이 완료됐다. 천태종은 2004년 6월까지 단청 재료도 추가 지원했다. 단청은 전문성이 요구되는 공사이므로 북측은 건축과 미술 전공 대

령통사 5층석탑 / 나누며 하나되기

학생 600명을 동원해 공사를 진행했다.

2004년 4월 11일 북한 룡천역 폭발 사고가 발생했다. 천태종은 성금을 모금해 의료, 생필품 등을 지원하기도 하며 남북 간 신뢰를 높여 나갔다. 이는 불교계가 단순히 자신들의 종교적 정체성을 이유로 사찰 복원 사업을 벌이는 것이 아닌 평화적인 남북 경제 협력과 민간 차원에서의 인도적 교류라는 근본적 목적을 잊지 않고 있었음을 나타낸다.

단청 지원 후 복원 공사가 마무리에 접어들자 천태종은 건축 마감재 및 중장비 지원을 결정했다. 이는 향후 남측 신자들의 성지순례를 위한 도로 공사까지 염두에 둔 결정이었다. 장판, 창틀, 유리, 타일, 변기 등 건축자재와 더불어 예불 도구 및 집기 등 사찰 운영에 필요한 거의 모든 것이 지원됐다.

1 북한에서 콘크리트로 골조를 복원한 모습
2 콘크리트로 복원한 골조 위에 기와 공사 작업
  / 나누며하나되기

불상은 북측에서 제작했는데 동불로 만들 예정이었으나 룡천역 폭발 사고의 영향으로 석고로 제작했다. 개금(불상에 금을 덧씌우는 것)을 위한 재료는 천태종에서 지원했다. 복원 공사 지원은 2003년 10월부터 2005년 3월까지 총 16차에 걸쳐 시행됐다. 령통사 복원이 마무리돼 가던 2004년 11월에는 남북이 공동으로 '대각국사 열반대제'를 봉행하기도 했다.

2005년 10월 령통사 29개 전각의 복원 공사가 마무리됐다. 1997년 유적 조사를 시작한 후 8년 만이었다. 지원에 들어간 비용은 자재비, 인건비 및 운송비를 포함해 약 150억 원에 달했는데 대부분 모금을 통해 마련했다고 한다. 령통사 낙성식은 2005년 10월 31일 열렸다. 낙성식에는 천태종을 중심으로 남측에서 300여 명이, 북측에서는 조선불교도연맹 등 복원 공사 관계자들이 참석했다. 낙성식 후에는 학술대회가 개최됐다.

령통사 복원 공사 준공(낙성) 전 남북 불교 교류는 부정기적이고 간헐적으로 이루어졌다. 하지만 준공 후부터는 매년 정기적이고 지속적으로 이루어졌으며 규모와 질도 달라졌다. 2007년 5월 29일 성지순례 시범사업이 시행됐으며, 성지순례는 총 8회에 걸쳐 6000여 명이 참여했다. 성지순례 외에도 매년 령통사에서 부처님오신날, 대각국사 열반대제 등 불교 행사를 남북 공동으로 열었다. 이 행사는 2009년 이후 악화된 남북관계에도 불구하고 2015년까지 지속됐다.

다만 복원 공사 과정에서 몇 가지 아쉬운 점들이 보였다. 먼저 령통사가 문화재급 사찰임에도 콘크리트로 복원이 이루어졌다는 점이다. 복원은 목재가 아닌 콘크리트 구조로 진행됐으며, 공정은 기둥과 벽체, 골조 공사를 진행했다. 이것은 문화재 복원 소재에 대한 남북의 인식 차이 때문으로 보인다. 우리는 당연히 문화재를 전통 재료와 방식으로 복원해야 한다고 생각하지만, 1세기 전만 해도 문화재 복원에 현대적 재료를 사용하는 것에 대해 국제적으로 긍정적 의견이 많았다. 북한 또한 콘크리트로 문화재를 복원하는 것에 문제의식이 없는 것으로 보이며, 많은 문화재를 콘크리트로 복원하고 있는 것으로 알려져 있다. 향후 남북 문화유산 교류 시 이러한 인식차 극복은 중요한 과제가 될 것으로 생각된다.

령통사 복원에서 또 하나 아쉬운 점은 복원 시 고증의 정확성 여부다. 령통사 전각의 양식, 규모, 단청 등에 대한 자료가 부족한 상황에서 복원설계가 단기간에 이루어졌으므로 원형에 가깝게 복원됐다고 확신하기 어렵다.

성과와 전망

령통사 복원사업은 남북이 협력해 문화유산을 복원한 최초의 사례이며 민간 협력사업에서 대규모 물품을 육로를 통해 지원하는 계기가 된 사

1 령통사 남북 불교 공동 법회(2007) 2 령통사 복원을 위한 자재 지원 / 나누며 하나되기

북한의 건축 사람을 잇다

령통사 건축자재 전달식 / 나누며 하나되기

업이기도 하다. 령통사 복원사업은 북측이 발굴, 복원설계 및 공사를 주
도했고 남측은 건축자재, 장비 등을 지원했다. 향후 남북 문화재 공동 복
원사업이 이루어지는 경우 북측이 주도하고 남측이 물자를 지원하는 방
식이 주가 될 가능성이 커 보여 령통사 복원 지원사업은 중요한 사례가
될 것이다.

　　령통사 복원 지원사업의 또 다른 중요한 의의는 건물 준공 후에도 지
속적으로 남북 교류를 했다는 점이다. 2009년 이후 남북관계의 어려움
으로 남북 경협 및 인도적 지원이 대부분 중단된 상태에서도 2015년까
지 교류의 명맥을 유지했다. 남북 불교 교류는 향후 남북관계 개선에 상
당한 역할을 할 가능성이 있다고 생각된다.

3 | 평양 류경정주영체육관

2013년 세계역도대회, 태극기와 애국가 울려

평양에 있는 류경정주영체육관 / 현대아산

북한의 건축 사람을 잇다

2018년 새해 첫날 많은 사람이 텔레비전을 통해 북한 김정은 위원장의 신년사를 보고 있었다. 북한은 신년사에서 평창 동계올림픽 참가를 시사했다. 이를 계기로 남북정상회담, 북미정상회담이 열리면서 당시 악화됐던 상황이 반전됐다. 이렇듯 스포츠 교류는 남북 갈등을 해소하는 최고의 대화 창구 역할을 해 왔다.

남북 스포츠 교류의 역사

남북 간 스포츠 교류는 다른 분야에 비해 일찍 시작됐고 빈번하기도 했다. 남북 체육계 최초의 접촉은 1957년에 있었다. 1957년 조선올림픽위원회는 국제올림픽위원회(IOC)를 통해 대한올림픽위원회에 국제 대회 단일팀 구성 참가를 제의했다. 이는 당시 IOC가 남한 올림픽위원회만을 한반도에서 유일한 올림픽위원회로 인정하고 있었기 때문이다. 그러나 남한은 전쟁이 끝난 후 대결 국면이 지속되고 있다는 이유로 단일팀 논의를 거부했다.

북한은 남한의 거부로 단일팀이 구성되지 않는다고 주장하며 IOC에 북한을 회원국으로 승인할 것을 요구했다. 1963년 독일 바덴바덴에서 열린 IOC 총회에서 북한은 정식 회원국으로 인정됐다. 북한이 IOC 회원국이 되면서 남북 간에는 본격적인 스포츠 대결이 시작됐다. 남북 간 최초의 경기는 도쿄 올림픽 배구 예선전이었다. 인도에서 열린 대회에서 남자배구팀은 이겼으나 여자배구팀은 졌다. 남한 정부는 남북 스포츠 대결 대비책으로 1966년 태릉선수촌을 설립했다.

　1978년 방콕 아시안게임부터는 남한이 경기에서 우위를 보이게 됐으며, 1982년 아시안게임부터는 북한이 스포츠 분야에서 남한의 상대가 되지 못했다. 이는 남한 경제의 성장과 북한 경제의 후퇴 그리고 남한의 스포츠에 대한 체계적이고 적극적인 투자의 영향이었다.

　IOC는 '88 서울 올림픽' 개최를 계기로 남북 화해와 협력을 희망했다. IOC의 중재로 1985년 10월 8일에서 1986년 7월 15일에 걸쳐 4차례 회담이 진행됐다. 북한은 올림픽 공동 개최와 단일팀 구성을 주장했고, 남한은 일부 종목 경기의 북한 배정(분산 개최)과 개·폐회식 공동 입장을 주장했다. 그러나 1년간의 협의에도 불구하고 양측은 합의점을 찾지 못했다. 1988년 1월 11일 북한이 서울 올림픽 불참을 선언함으로써 남북 체육회담은 결렬됐다.

　1990년대가 되면서 남북 스포츠 교류는 그동안 논의만 이루어졌던 수준에서 단일팀 구성 등 구체적인 성과가 나오기 시작했다. 1991년 일본 지바에서 열린 세계탁구선수권대회에서 남북이 최초로 한반도기를 앞세우고 공동 입장했으며 '여자 단체전 우승'이라는 성과를 냈다. 단체전 우승은 중국이 18년간 우승을 독점하고 있던 벽을 넘은 것이었다. 이는 2012년 '코리아'라는 영화로 만들어졌다.

평양 류경정주영체육관

1998년 김대중 정부가 들어서면서 남북 협력사업이 활발하게 추진됐다. 금강산 관광사업을 합의한 현대그룹은 1998년 10월 29일 북한의 아

류경정주영체육관 개관 기념 통일농구대회 / 현대아산

시아태평양평화위원회와 '실내 종합체육관 건설 및 민간급 체육 교류에
관한 합의서'를 체결했다.

합의서에 따라 평양 류경정주영체육관 건설이 시작됐다. 사실 남북
스포츠 교류가 오랜 기간 이루어졌으나 북한에 관련 시설을 건립한 것
은 류경정주영체육관과 금강산 골프장이 유일하다. 류경정주영체육관
은 2003년 준공돼 북측이 사용하고 있으나 금강산 골프장은 2008년 완
공돼 시범 경기까지 했으나 관광 중단 이후 전혀 사용하지 못하고 있다.

류경정주영체육관은 현대그룹의 금강산 관광과 개성공업지구 등 경

류경정주영체육관 내부 / 현대아산

협사업 추진을 위한 부대사업적 의미가 있었지만 정주영 회장의 스포츠에 대한 애정도 일정 부분 작용했을 것으로 생각된다. 정주영 회장은 88 서울 올림픽 유치위원장을 지냈고, 매년 그룹 신입사원들과 씨름도 하는 것으로 알려져 있었다.

체육관은 남북 체육 교류 활성화를 목적으로 현대와 북측이 협력해 건설하기로 합의됐다. 체육관 건설을 위한 설계, 기술 인력, 주요 자재 공급은 현대가 맡았다. 인허가 및 공사 인력을 위한 편의, 건설을 위한

북한의 건축 사람을 잇다

노동력, 현지에서 공급할 수 있는 자재(모래 같은 골재, 석재, 시멘트 등)는 북측이 분담하기로 했다. 체육관이 준공되면 농구, 배구, 레슬링, 태권도 등의 경기를 정기적으로 실시하고, 설날이나 추석 등에는 씨름, 농악 등 민속경기 행사를 진행하며 남북 협력을 통해 국제 경기에도 출전하기로 합의했다.

체육관의 위치는 평양직할시 보통강구역('구역'은 남한의 '구'에 해당) 류경호텔 부근으로 하고 부지 면적 약 6만 7000㎡, 연면적 약 2만 7000㎡이며, 관람석은 주경기장 1만 2309석, 부경기장 164석으로 돼있다. 계획설계는 북한 노동당 재경부 소속 설계사무소로 알려져 있는 백두산건축연구원에서 하고, 실시설계는 현대건설 종합설계실에서 했다. 북한 건축가들과 남한 건축가들이 만나서 함께 작업한 것은 아니지만 남북이 공동으로 설계한 최초의 사례였다.

현대그룹은 대북사업을 위해 '현대아산'을 1999년 2월 설립했으며, 현대아산이 체육관 건설도 총괄했다. 건설 자금은 현대그룹 계열사(현대건설, 현대중공업, 현대자동차 등)가 분담했으며, 시공은 현대건설이 담당했다.

1999년 9월 현대아산은 통일부로부터 체육관 건설을 위한 협력사업자 승인을 받았다. 1999년 9월 27일 체육관 착공을 했으며 착공식 행사로 평양에서 남북 농구 경기를 열었다. 농구 경기에는 남한에서 허재, 이상민, 전주원 등이 참가했다.

공사는 남한의 건설기능공이 북한 인력을 기술지도해 시공했다. 북한 건설 인력은 부흥총회사와 돌격대로 구성됐다. 부흥총회사 인력은 건설기능공이 있었으나 남측 자재와 공법으로 건설돼 남측 인원이 기술 지도를 해야 했고, 돌격대 인원은 건설 경험이 없어 시공 능률이 많이 떨어졌다.

자재는 북측에서 조달할 수 있는 자재가 골재(모래·자갈) 외에는 거의 없어 남측 자재를 인천에서 남포항으로 해상 운송했다. 당초 북한은 건축용 석재, 시멘트 등을 부담하기로 했으나 대부분 남측에서 조달했다. 북측 시멘트를 구입해 사용하는 방안이 검토되기도 했지만 풍화가 심하거나 기준 설계강도에 미달하는 등 품질이 균일하지 않아 남측 시멘트를 사용했다.

운송 및 건설 장비도 북측에서 조달할 수 없었다. 레미콘트럭(에지테이터트럭), 타워크레인, 차량크레인(하이드로크레인), 트럭, 지게차 등을 남측에서 반입했다. 남측 인력은 입국 시에는 중국 선양 라오셴국제공항을 거쳐 고려항공 비행기를 타고 평양 순안으로 들어갔고, 출국 시에는 베이징을 거쳐서 나왔다. 숙식은 문수리 초대소를 이용했다. 자재의 해상 운송비, 남측 인력의 체류비, 해외근무수당 등으로 인해 국내 공사에 비해 공사비가 추가로 들어갔다.

2003년 5월경 체육관 공사가 마무리됐다. 평양체육관은 정주영 회장의 남북 교류 기여를 기념해 '류경정주영체육관'으로 명명됐다. 류경은 평양 대동강변에 버드나무가 많아 지어진 별칭이다. 공사에는 총 5600만 달러 정도가 투입된 것으로 알려졌다.

준공식은 2003년 10월 6일 열렸다. 현대아산 직원과 초청받은 1000

북한의 건축 사람을 잇다

류경정주영체육관 개관 축하공연 / 현대아산

여 명이 버스를 타고 공사 중인 경의선 도로와 개성~평양 고속도로를 통해 평양을 방문했다. 일반인이 육로로 평양을 방문한 것은 이때가 최초였으며 현재까지도 전례가 없는 일이다. 준공식에서는 남자농구, 여자농구 경기가 열렸고 경기 후 통일음악회가 개최됐다. 남측 참석자 1000여 명은 준공식 후 3박 4일간 머물면서 평양, 개성을 관광하고 복귀했다. 남측 참석자들은 고려호텔과 양각도호텔에서 숙식했다.

남북 체육 교류, 새로운 시작

당초 류경정주영체육관은 준공 후 북측과 현대가 공동으로 운영하면서 정기적으로 스포츠 경기와 행사를 열기로 합의했으나 현대는 운영에 관여하지 못했다. 이후 평양 세계복싱선수권대회, 조용필 평양 공연 등에 사용됐다. 2013년 세계역도선수권대회가 류경정주영체육관에서 열렸고, 북한에서 최초로 태극기가 게양되고 애국가가 연주되기도 했다.

준공 후 북한의 일방적인 합의 불이행으로 체육 교류가 이어지지 못한 부분은 아쉬운 일이 아닐 수 없다. 만일 체육 교류가 지속됐다면 남측 사람들의 평양 관광도 계속될 가능성이 있었고, 남북 체육 교류는 한 단계 높은 수준에 도달할 수 있었을 것이다.

2017년 5월 취임한 문재인 정부는 '2018 평창 동계올림픽'을 남북관계 복원의 계기로 삼으려고 했다. 북한은 2018년 김정은 위원장이 발표한 신년사에서 평창 올림픽 참가를 선언했고, 이에 따라 남북체육회담이 금강산에서 열리는 등 평창 올림픽을 위한 준비가 급속하게 진행됐다. 올림픽 개·폐회식 공동 입장, 여자아이스하키팀 단일팀 구성, 개막 행사 북한 공연단 참가 등이 합의됐고, 평창 올림픽은 성공적으로 개최됐다. 북한 응원단도 2005년 인천 육상선수권대회 이후 12년 만에 방문했다.

평창 올림픽을 계기로 남북관계는 복원돼 남북정상회담, 북미정상회담이 잇달아 열렸다. 하지만 2019년 2월 북미 하노이 회담 결렬 이후 다시 남북 체육 교류는 침체됐다. 남북은 2032년 올림픽을 공동으로 개최하기로 하고 유치를 추진하고 있으나 코로나19 사태로 중단된 상태이다. 만약 올림픽 남북 공동 개최가 성사된다면 남북 스포츠 교류가 획기적으로 확대되는 것은 물론이고 남북 교류도 새로운 단계로 발전할 것으로 기대된다.

4 | 금강산 이산가족 면회소

6·15 정상회담 이후 남측에서 설치 제의

2002년 9월 제15차 이산가족 상봉 / 현대아산

북한의 건축 사람을 잇다

이산가족은 우리 현대사의 질곡을 반영한다. 이산가족 관련 남북 간 협의가 구체적으로 시작된 것은 1970년대 초였다. 1970년 박정희 대통령은 광복절 경축사에서 북한에 '평화통일 구상'을 밝히며 '선의의 체제 경쟁'을 제안했고, 1971년 8월 12일 대한적십자사는 이산가족 찾기를 제안했다. 북한은 8월 14일 제안을 수락했으나 이산가족 상봉을 합의하지 못하고 적십자 본회담은 1973년 7차를 끝으로 열리지 못했다. 그러나 실무회담은 지속됐다. 1975년 실무회담에서 남한은 북한 판문점에 남북 이산가족 면회소를 설치할 것을 최초로 제안했으나 북측은 호응이 없었다.

남북 이산가족 상봉이 처음 이루어진 것은 1985년이었다. 1984년 서울 풍납동 지역에 수해가 발생한 후 북한이 수재민에게 물자를 보내겠다고 적십자사에 제안해 물꼬가 트였다. 남한 적십자사는 수해 물자를 받겠다고 답변하고 추가로 남북 이산가족 상봉을 위한 회담을 재개해 1984년 11월 이산가족 고향 방문을 합의했다.

2000년 이전 이산가족 상봉은 단 한 차례

남북은 방문단 규모, 방문지(남한-고향, 북한-평양과 서울) 등에 이견이 있었으나 여러 번의 협의를 통해 1985년 9월 20일부터 23일까지 서울과 평양에서 역사적인 남북 이산가족 상봉 및 남북 예술단 공연이 성사됐다. 후속으로 열린 적십자회담에서 이산가족의 자유 왕래, 이산가족의 재결합, 남북 적십자공동위원회 설치, 이산가족 면회소 설치 등에 대해 논의했으나 합의에 이르지는 못했다.

　　1988년 노태우 대통령은 남북관계를 동반자 관계로 규정하고 7·7 선언을 발표했다. 7·7 선언 후 대한적십자사는 북한에 이산가족 상봉 관련 회담 재개를 제의했다. 1989년 5월 북한 적십자사에서 회담을 수락해 9월부터 7차례에 걸쳐 실무회담이 열렸으나 역시 이산가족 상봉은 합의하지 못했다.

　　1990년부터 남북고위급회담이 시작됐으며 이산가족 상봉 관련 협의도 진행했다. 관련 회담은 1998년까지 열리지 못했다.

　　2000년 이전에도 남북 이산가족 상봉 혹은 고향 방문이 여러 번 있었다고 생각하는 사람들이 의외로 많다. 그러나 이산가족 상봉은 1985년

금강산 이산가족 면회소 공사 전경 / 현대아산

에 단 한 차례 있었을 뿐 모두 2000년 이후 이루어졌다. 특히 직접 대면 상봉 22번 중 15번이 2000년부터 2007년 사이에 성사됐다.

1998년 집권한 김대중 정부는 외환위기 극복과 남북관계 개선이 가장 중요한 공약이었다. 이산가족 상봉은 2000년 6·15 정상회담이 계기가 됐다. 6·15 남북공동선언에서 "남과 북은 올해 8·15에 즈음하여 흩어진 가족, 친척 방문단을 교환하며 비전향 장기수 문제를 해결하는 등 인도적 문제를 조속히 풀어 나가기로 하였다"고 선언했다. 그 결과 2000년 한 해 동안 이산가족 방문단을 2차례 교환하는 성과를 거두었다.

2000년 6·15 정상회담 이후 이산가족 상봉 협의를 위해 금강산에서 6월 27일부터 열린 1차 남북 적십자 실무회담에서 남한은 이산가족 면회소 설치를 제의했다. 이산가족 면회소를 건설하는 것이 아닌 남측의 자유의집이나 북측의 통일각을 활용해 매월 4회, 회당 100명씩 상봉하는 방안을 제안했다. 남북은 이산가족 면회소 설치·운영에 기본적으로 합의하고 구체적인 사항은 추후 협의하기로 했다. 남한이 이산가족 면회소 설치를 제안한 것은 이산가족이 고령인 점을 고려해 상봉을 제도화하고 상시적으로 만날 수 있는 장소를 확보하기 위함이었다.

2000년 9월 열린 제1차 적십자 본회담에서 남측은 면회소를 판문점 각 측 지역에 각각 설치해 매주 100명씩 만나는 방안을 제시했다. 북측은 면회소를 금강산에 설치하고 운영과 관련된 문제는 12월에 협의하자고 제안했다. 북한이 이산가족 상봉에 편리한 판문점이 아닌 금강산 지역에 건물을 신축하자고 제안한 것은 판문점이 유엔이 관리하는 지역이라 꺼렸고, 금강산이 남한 주민의 방문을 허용한 유일한 북한 지역이었

금강산 온정리 지역에 12층 규모로 건립된 이산가족 면회소 / 현대아산

기 때문으로 보인다. 2002년 9월에 열린 4차 적십자회담에서 △면회소
를 우선 금강산 지역에 설치 △경의선 철도·도로가 연결되면 추가로 서
부 지역에 설치하는 문제 협의 및 확정 △금강산 지역에 설치하는 면회
소는 남북이 공동 건설하되 자재·장비는 남측이, 공사 인력은 북측이 제
공 △금강산 면회소 완공 후 면회 정례화 등을 합의했다.

상봉 제도화와 상시적 만남 장소 확보

건설을 위한 실무접촉은 2002년 10월부터 2003년 1월까지 3차례 열렸
다. 북한은 면회소를 온정리 조포마을에 1000명 정도 수용할 수 있는 대

북한의 건축 사람을 잇다

금강산 이산가족 면회소 공사 현장 / 현대아산

규모로 건설할 것을 제안했다. 남한은 적정 규모로 할 것을 주장했다. 남북은 이견을 해소하지 못했으나 규모는 1000명을 수용할 수 있도록 하되 구체적인 내용은 추후 실무자들이 검토하기로 했다.

2003년 8월 남과 북은 금강산에서 건설실무자(추진단) 회의를 열었으나 합의를 도출하지 못했다. 건설실무자 회의가 난항을 겪자 2003년 11월 남북 적십자 본회담에서 면회소 문제를 논의했다. 남북은 '전담 건설·전담 관리' 방식이 합리적이라고 공감했고 면회소 장소, 규모, 완공 후 시설 관리·운영 문제 등에 대해서도 의견 접근을 이루었다.

금강산 면회소 위치는 고성군 온정리 조포마을 앞 구역, 규모는

6000평으로 결정하고 '금강산 면회소 건설에 관한 합의서'를 채택했다. 합의서에는 남한이 건설과 관리·운영을 전담하고, 북한은 금강산 현지에서 건설하는 데 불편함이 없도록 신변안전과 편의를 보장하는 내용이 포함됐다. 2003년 11월 건설에 합의해 남측은 준비를 진행했다. 면회소 공사를 계기로 조달청은 처음으로 북한에서 건축되는 건축물의 설계 및 공사 과정에 참여했다. 공사는 남북 근로자 간 접촉이 증대되는 등 남북 교류와 협력 증진의 계기가 되기도 했다.

면회소는 5만㎡(1만 5000평) 부지에 지하 1층, 지상 12층 규모의 면회소동과 지상 3층 규모의 면회사무소 2동 및 경비실로 계획됐다. 면회소동 1·2층엔 600명을 수용하는 행사장과 회의실, 편의시설 등이 들어서며 3·4층에 호텔 구조 객실 78실, 5~12층에 콘도 구조 객실 128실 등총 206실의 객실이 마련됐다. 면회소는 최대 1000여 명을 수용할 수 있게 건설됐다.

건물은 공사 기간 단축과 북측 근로자의 시공 능력 등을 고려해 철골 구조로 계획됐다. 금강산의 전력 사정을 감안해 건물 내에 전력 생산과 난방을 동시에 할 수 있는 시스템(일종의 CES·Community Energy System)을 구축했고 용수 공급을 위한 지하수용 펌프도 설치했다.

2005년 착공, 공사 기간 연장 끝에 완공

이산가족 면회소 착공식은 2005년 8월 31일 한완상 대한적십자사 총재와 장재언 조선적십자회 중앙위원장, 남과 북 이산가족 550명 등 800여명이 참석한 가운데 금강산 온정리 조포마을 앞 면회소 부지에서 남북 공동 행사로 진행됐다. 2007년 하반기 완공을 목표로 공사가 시작됐다.

정부는 이산가족 면회소 건립을 위해 남북협력기금에서 대한적십자사에 550억 원을 지원했다.

면회소 시공사는 현대건설과 현대아산 컨소시엄이 담당했다. 건설공사의 감독과 감리는 조달청 공무원이 금강산에 상주하면서 수행했다. 공사에는 북한 인력이 참여했다. 투입된 건설 인력은 대부분 외부에서 차출된 돌격대였으며, 이들의 숙식을 위한 컨테이너도 설치했다.

북한은 2005년 말 미 재무부의 방코델타아시아(BDA) 북한 계좌 동결에 대한 대응으로 2006년 7월 미사일을 발사하고 이산가족 상봉 행사와 면회소 공사를 중단시켰다. 공사는 중단 후 7개월이 지난 2007년 3월에 재개됐으나 2년이었던 공사 기간은 연장이 불가피했다.

2007년 10월 남북정상회담에서 양측은 면회소 완공 시 이산가족 상시 상봉을 합의했다. 같은 해 11월 적십자회담에서는 상봉 행사 정례화도 합의했다. 그러나 이산가족 면회소는 2008년 7월 11일 발생한 금강산 관광객 피격 사건으로 제대로 운영되지 못했다. 당시 금강산 이산가족 면회소는 공사가 완료돼 7월 12일부터 준공검사를 진행하고 있었으나 공사를 중단하고 철수했다. 8월 중순 열릴 예정이었던 준공식은 취소됐고, 2008년 하반기의 이산가족 상봉 행사도 열리지 못했다.

금강산 관광 중단 후 이산가족 면회소는 정상적으로 사용되지 못했다. 2009년 9월, 2010년 10~11월, 2014년 2월, 2015년 10월, 2018년 8월 등 5차례 이산가족 상봉에 사용됐을 뿐 12년간 방치됐다. 이산가족 문제는 인도주의적 문제다. 정치적인 이벤트가 아닌 순수한 가족의 만남으로서 이산가족 상봉이 상시적으로 이루어져 이산가족 면회소가 사람들로 북적이는 그날을 기대해 본다.

5 | 북한 경수로 건설

아쉽게 중단된 최대 규모의 공사

경수로 부지로 결정된 함경남도 금호지구 전경 / 석임생

한반도와 핵은 관계가 깊다. 1945년 히로시마 원자폭탄 투하 시 많은 재일교포가 희생됐으며, 1951년 한국전쟁에 중공군이 참전하자 맥아더 장군은 핵 폭격을 검토하기도 했다. 당시 북한 지역에는 핵 폭격이 임박했다는 소문이 돌아 많은 사람이 월남하게 됐다고 한다.

1958년에는 남한에 핵무기가 배치됐고 1972년에는 배치된 핵무기가 732개에 달했던 것으로 알려졌다. 북한 핵과 관련한 역사적인 측면을 살펴보면 북한은 한국전쟁 당시부터 핵 위협을 받고 있었고, 1958년부터는 직접적인 핵 위협에 노출돼 있었다.

북핵 위기

북한의 핵 개발 의혹이 최초로 제기된 것은 1989년 프랑스의 상업위성(SPOT)이 찍은 영변 핵시설 사진이 공개되면서부터다. 북한과 남한, 미국은 핵 관련 협의를 진행했다. 1991년 남북이 유엔에 동시 가입하고 그해 12월 '비핵화공동선언'을 채택했다. 이에 따라 미국은 남한에 배치된 핵무기를 모두 철수했다. 북한은 1992년 4월 10일 국제원자력기구(IAEA)의 핵안전협정을 체결하고 16개 핵시설에 관한 보고서를 제출했다. 6월에는 IAEA에서 핵사찰을 받기 시작했다. 이 시점까지 북한 핵은 큰 문제 없이 해결이 가능할 것으로 보였다. 그러나 1993년 2월 IAEA는 북한이 신고를 누락했다며 특별사찰을 요구했고, 북한은 강력 반발하며 핵확산금지조약(NPT) 탈퇴와 준전시 상태를 선언했다.

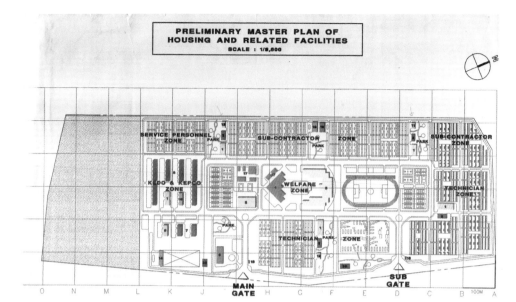

PRELIMINARY MASTER PLAN OF
HOUSING AND RELATED FACILITIES
SCALE : 1/2,500

LEGEND

. RESTAURANT
. CONVENIENCE CENTER
. GYMNASIUM
. COMMUNITY CENTER
. SHOPPING CENTER

6. HOSPITAL
7. APARTMENT BLDG. (25PY. TYPE)
8. APARTMENT BLDG. (18PY. TYPE)
9. GUEST HOUSE (10PY. TYPE)
10. APARTMENT BLDG. (15PY. TYPE)

11. CATHOLIC CHURCH
12. CHRISTIAN CHURCH
13. BUDDHIST TEMPLE
14. DRIVING RANGE

16. GUARD HOUSE
17. WAREHOUSE
18. SUBSTATION
19. REFUSE INCINERATOR
20. PURIFICATION WORK

경수로 건설을 위해 만들어진 생활단지 배치도 / 김정신 단국대 명예교수

미국은 북한이 NPT를 탈퇴하면 핵독점 체제가 무너질 것을 우려해 NPT 탈퇴 전날인 6월 11일 북한과 공동성명에 합의했다. 그러나 이후에도 미국은 북한 핵시설에 대한 IAEA 사찰을 요구했고, 북한은 미국의 대북 적대시 정책 포기를 요구함으로써 협상은 난항을 거듭했다.

1994년 6월 13일 북한은 IAEA 탈퇴를 선언하면서 '유엔의 제재를 전쟁 선포로 받아들인다'는 등 강경한 입장을 고수했다. 북미회담이 파국으로 치닫던 6월 15일 지미 카터 전 대통령이 평양을 방문해 김일성 주석과 2차례 면담했다. 김일성 주석은 미국이 경수로를 제공하고 핵을 선제 사용하지 않겠다고 보장하면 핵 개발 프로그램을 중단하고 NPT

탈퇴 선언을 철회할 것이라고 약속했다.

한국의 북미 직접대화 반대에도 불구하고 10월 21일 제네바에서 개최된 북미고위급회담에서 제네바 합의(Geneva Agreed Framework)가 체결됐다. 이 합의의 주요 내용은 북한이 NPT 탈퇴 선언을 철회하고 핵시설을 동결하며 IAEA의 사찰을 수용하는 대신 미국은 북한에 매년 50만t의 중유를 제공하고 1000MW 경수로 2기를 건설해 주는 것이었다.

제네바 합의 후 한국 정부는 1994년 말까지 경수로 추진을 위한 각종 법령을 정비하고 1995년 1월 경수로지원기획단을 설치했다. 1995년 3월 한·미·일 3국은 경수로 사업 추진을 위한 국제기구인 한반도에너지개발기구(KEDO·Korean peninsula Energy Development Organization) 설립에 관한 협정을 체결했다.

경수로 사업을 KEDO라는 국제기구로 추진하기로 한 것은 북한이 남북 간 직접대화를 기피했고, 남북 간 의견 대립 시 완충장치가 필요했기 때문이다. 북한에 지원할 경수로 방식을 결정하기 위한 북미 간 전문가 회의가 1994년 11월 30일 시작됐다. 경수로는 한국표준형 원자로로 결정됐다. KEDO와 북한 간 경수로 공급 협정은 1995년 12월 체결됐다. 공급 협정문은 18조로 4개의 부속합의서가 포함됐으며 KEDO와 북한의 업무 분담에 대한 내용을 명기했다.

북한의 업무는 부지 제공, 경수로 사업 이행을 위한 정보 문서 제공, 경수로 부지로 통행 보장, 골재와 채석장 제공, 시운전에 참여할 인원 보장 등이었으며, 그 외 건설과 관련된 사항은 모두 KEDO가 맡아서 하기로 했다. 사업 방식은 KEDO가 경수로 사업에 소요되는 자금을 조달하고 준공 후 북한에 인계하며 북한은 경수로 사업비를 준공 후 3년 거치 17년 무이자 상환하는 방식(거치 기간 포함 20년 상환)이었다.

총사업비는 40억 달러 선에서 산정됐고 1998년 환율 변동에 따라 46억 달러로 조정됐다. 사업비는 각국이 분담해 조달하고 KEDO에 차관 형태로 제공하는 것으로 했으며, 개략적으로 한국 70%, 일본 22%, 미국 외 기타 회원국 8%로 정했다. 단, 한국과 일본은 중유 공급에 대해서는 분담하지 않는 것으로 합의했다. 한국은 분담금 마련을 위해 전기료 할증 부과 방식, 에너지 세제 개편에 따른 세수 증가분 활용 등을 추진했지만 국회를 통과하지 못해 국채를 통해 조달했다.

경수로 건설 공사

경수로 부지는 함경남도 금호지구(북위 40도, 동경 125.4도)에 있다. 함흥에서 80㎞, 신포시에서 165㎞ 떨어져 있다. 경수로 사업이 시작되면서 신포시에서 독립해 금호지구가 됐다. KEDO는 1997년 북한으로부터 부지를 인수하고 세부 지질 조사, 기상, 환경, 해양, 생태 조사 등을 실시한 뒤 예비 안전성분석보고서와 환경영향평가서를 작성해 북한 당국에서 건설허가를 받아 2001년 9월 본격적인 경수로 건설 작업에 들어갔다.

부지 조성 규모는 경수로가 들어설 부지 기준으로 550만㎡(166만 평)였다. 북한은 부지 내에 있는 수백 채의 가옥을 철거했다. 부지정지 착수 후 가끔 포탄, 유골 등이 발견됐으며 그때마다 북측에 통보해 처리했다.

초기 부지 조성 공사와 생활단지 공사 현장은 매우 열악한 상황이었

경수로 건설 노동자들을 위한 생활단지 내 근린시설 / 석임생

다. 공사를 위해 우선 난방과 목욕 시설을 갖춘 숙소용 컨테이너(11동)와 사무실용 컨테이너(12동)를 설치했다. 공사가 진행됨에 따라 컨테이너(77동)도 늘어났다.

1996년 3월 20일 KEDO는 경수로 사업을 수행할 주체로 한전을 주계약자로 지정했다. 계약 내용은 공사 금액 41억 8200만 달러, 공사 기간 116개월, 1호기 준공일은 2008년 11월 30일, 2호기 준공일은 2009년 9월 30일이었다.

2000년 2월 3일 주계약이 발효되면서 공사에 착수했다. 2001년 9월에는 북한이 건설허가를 발급하고 2001년 9월 3일 본관 기초 굴착 공사에 들어갔다. 2002년 8월 3일 1호기 원자로의 최초 콘크리트 타설을 진행하고 골조 공사를 본격적으로 시행했다. 2차 북핵 문제로 공사가 중단되는 2003년 11월 30일까지 성공적으로 공사가 수행됐다.

대부분 대북사업에서 가장 어려운 부분은 인력과 물자의 운송이다.

1

2

영광스러운 조선로동당 만세!

1 원자로 건설 현장 2 경수로 건설에 참여한 북한 노동자들 3 경수로 건설에 참여한
북한 노동자들의 휴식 시간 4 1997년 7월 28일 공사 시작에 앞서 안전기원제를 지내고 있는
건설 관계자들 5 원자로 내부 철근에 매달려 공사를 진행하고 있는 북한 노동자들
6 원자로 건설 모습을 촬영 중인 사람들 7 경수로 건설 현장 전경 / 석임생

초기 경수로 현장에 방문하기 위해서는 인천공항에서 베이징으로 이동해 베이징에 있는 북한 대사관에서 비자를 발급받아야 했다. 이후 고려항공 비행기로 평양에 도착한 후 평양에서 강상리까지 기차로 이동했다. 기차 이동 시간이 20시간 이상인 경우도 있어 서울에서 현장 도착까지 3~4일이 걸리기도 했다.

1997년 7월 12일 최초로 평양에서 경수로 부지 근처의 선덕공항까지 소형 항공기를 이용해 이동했다. 2002년에는 양양에서 선덕공항까지 남북 직항로가 개설되기도 했다.

물자 운송에는 화물선이 이용됐다. 6000t급 선박이 매월 20일경 운항을 했다. 경수로 사업 종료 시까지 약 138회 운항됐다. KEDO 전용부두가 완공되기 전까지는 양화항을 이용했다. KEDO 전용부두가 완공되고 북한통행검사소가 설치된 2003년부터는 전용부두를 이용했다.

경수로 공사 중단 전까지 북한은 38건의 도급 공사에 참여했다. 고급 기술이 필요 없는 시멘트 벽돌 제작, 울타리 설치, 석축 쌓기, 도로 보수공사, 잔디 식재 등이었다. 인력 공급은 '노무, 물자, 시설 및 서비스 사용을 위한 일반 원칙과 지임에 관한 양해각서'에 조건이 명시돼 있다. 보통 근로자는 월 110달러, 숙련공은 공급자와 구매자 간 협의로 정하도록 돼 있다. 작업 조건은 일 8시간 근무(중식 시간 제외), 주 6일 근무(주 48시간), 필요시 일요일과 공휴일 근무가 가능하며, 12개월 이상 근무자는 유급휴가를 주는 조건이었다.

경수로 공사는 초기부터 북측 인력 투입을 고려했다. 북측 인력 활용

북한의 건축 사람을 잇다

시 북측 인력의 기술 향상, 공사비 절감, 남북 인력의 교류 확대 등 장점
이 있을 것으로 예상됐으므로 남북한 인력을 약 3 대 7로 투입하는 것으
로 계획해 북측과도 합의했다. 그러나 북한이 인건비 인상을 요구해 본
공사 시작 후 북측 인력을 거의 활용하지 못했다.

경수로 공사의 의의와 시사점

경수로 사업은 북한의 핵 개발 의혹이 불거지면서 2003년 12월 공정률
34.5%에서 공사가 중단됐다. 사업의 공식 종료는 2006년 12월 12일이
다. 경수로 사업이 마무리되지 못하고 국제 정치적 변수에 의해 중도에
종료된 것은 유감이 아닐 수 없다. 하지만 경수로 공사는 북한 지역에서
진행된 남북 협력사업 중 최대 규모의 사업이고, 남측 인력이 장기간, 대
규모로 체류한 최초의 사업으로 이후 진행된 금강산 관광사업, 개성공
업지구 개발사업에 중요한 선례가 됐다.

　　남북관계는 2010년 이후 어려움이 계속되고 있지만 남북 교류가 재
개되는 경우 북한의 인프라 개선, 경제특구 개발 등을 위한 대규모 건설
사업이 추진될 것으로 예상된다. 경수로 건설 등 북한 지역에서 건설사
업을 수행한 경험은 향후 북한 개발사업 시 소중한 경험이 될 것이다.

6 | 평양라이온스안과병원

백내장·녹내장에 의한 실명 치료 위해 건립

평양라이온스안과병원 / 천일건축엔지니어링

2007년 3월 '내셔널지오그래픽'은 네팔 안과 의사 산두크 루이트 박사가 북한 해주에서 10일간 머물며 북한 주민 1000여 명의 백내장 수술을 집도하는 장면을 잠입 취재해 내보냈다. 실제로 백내장으로 실명하는 북한 주민이 많은 것으로 알려져 있다. 전문가들은 북한의 시각장애인 수가 100만 명이 넘고 치료 가능한 안구 질환을 앓는 환자 수도 전체 인구의 1~2%(250만~500만 명) 정도인 것으로 추정하고 있다.

비단 백내장뿐만 아니라 북한 의료 분야의 열악함은 1990년대부터 많이 알려져 있었다. 한국 의료계는 북한에 의약품, 의료장비, 북한 주민 진료 등 다양한 분야의 의료 지원을 했으며 여러 단체에서 병원 건립을 추진했다. 그러나 실제로 건립된 것은 어린이어깨동무의 평양어린이병원, 평양의대 소아병동, 평양라이온스안과병원 정도가 대표적이다.

국제라이온스협회 지원과 국내 모금으로

평양라이온스안과병원은 국제라이온스협회 회장을 지낸 이태섭 전 의원이 1998년 제안했다. 하지만 당시 북한에 안과병원 건립을 승인받는 건 쉽지 않았다고 한다. 이후 이태섭 전 의원이 2001년 국제라이온스협회 부회장으로 선출되면서 북한에 안과 전문병원 건립을 제안했다. 국제라이온스협회는 평양라이온스안과병원을 '시력우선운동'의 일환으로 추진하기로 하고 설립 자금으로 480만 달러를 결정했다. 단일 프로젝트로는 큰 지원 금액이었지만 병원 공사와 장비 설치를 위해서는 부

평양라이온스안과 측면 / 천일건축엔지니어링

족한 금액이라 일부 자금은 국내 모금으로 충당하기로 했다.

한국라이온스협회는 국제라이온스협회의 지원이 결정된 후 2002년 8월부터 건설사업위원회를 구성해 사업을 추진했다. 건설계획은 건설사업위원회 위원이었던 천일건축엔지니어링 한규봉 대표의 콘셉트 디자인을 기초로 확정됐다. 건설계획에 따른 병원 규모는 지하 1층, 지상 3층, 76병상이고 공사 기간은 2003년 2월 착공해 1년, 예산은 650만 달러(국제라이온스협회 480만 달러, 국내 모금 170만 달러)였다.

2002년 7월 한규봉 대표와 기계기술사 등이 건설을 위해 평양을 방문했다. 북측 조선의학협회 정봉주 부위원장 등을 만나 건설계획에 합의하고 건설 관련 주요 사항 협의도 진행했다. 건설 관련 협의 내용은 주로 남측과 북측의 설계 및 공사 분담에 대한 것이었다. 남측이 건설자재

북한의 건축 사람을 잇다

와 장비, 인건비를 부담하고 북측은 남측이 수행하기 어려운 일부 공종의 설계 및 시공, 남포항에서 부지까지의 운송, 골재 등 자재 공급 등을 담당하기로 협의했다.

평양 방문 후 건설사를 경쟁 입찰 방식으로 선정했으며, 설계 가격의 75%인 약 36억 원으로 낙찰돼 2002년 10월 10일 록우종합건설이 계약을 체결했다. 2002년 11월 22일 평양에서 기공식을 했다. 기공식에는 국제라이온스협회 프랭크 무어 회장, 이태섭 부회장 등이, 북측에서는 김수학 보건상, 민족화해협의회(민화협) 직원 등이 참석했다. 북측에서 보건상이 참석한 것은 안과병원에 대한 북측의 기대를 보여 주는 것이었다.

북측에 도급을 준 골조 공사는 많은 문제가 있었다. 북측은 인력 외에 공구, 장비가 전혀 없으므로 아주 사소한 공구(망치·삽·드라이버 등)

평양라이온스안과가 위치한 통일거리 / 북한자료

평양라이온스안과병원 준공식 현장 / 국제라이온스협회 한국연합회

도 모두 지급해야 했다. 또 육로 운송 시 연료만 지원하면 운송하겠다고 합의했으나 차량이 없어 운송하지 못하는 문제가 발생했다. 결국 공사비 대신 차량과 공구를 북측에 지급한 후 공사가 진행될 수 있었다.

북측에 도급 준 골조 공사의 어려움

더 큰 문제는 건설기능공이었다. 북측의 전문적인 건설기능공은 대부분 지방정부와 기관의 건설사업소에 속해 있으며, 대규모 신축 공사에는 직장돌격대나 청년돌격대를 동원하여 공사를 진행했다. 이들은 건설 관련 경험이나 기능이 없는 인력이 대부분이었다. 골조 품질에도 문제가 많았다. 골조 공사 시 전기 배관을 하지 않거나 전선 배관의 보양을 부실

하게 해 전선관이 콘크리트로 막히는 등 문제가 발생했다. 골조의 규격, 수직, 수평 등도 도면과 동일하게 시공되지 않았다. 철근의 피복 두께가 확보되지 않은 경우도 많았다. 공사는 당초 2004년 3월 준공 예정이었지만, 준공 예정 시점에 마감 공사가 시작돼 2004년 말 준공으로 목표가 미뤄졌다.

마감 공사에도 남측 사업자가 북한에서 공사 시 겪는 동일한 어려움을 겪었다. 남측 인원 숙소를 현장 내 건립해 사용하는 것으로 합의했지만, 건립을 불허해 북한의 최고급 호텔 중 하나인 양각도호텔을 이용해야 했다. 또 평양을 방문하는 남측 공사 인력에 제한을 둬 일정 수 이상의 인원이 동시에 방북하지 못해 여러 공정을 병행 공사하지 못했다. 자재 운송 시 국제 운송과 유사한 절차를 거쳐야 하므로 자재가 제때 도착하지 못해 인력이 있어도 공사를 하지 못하는 경우도 있었다.

마감 공사는 공종별로 남측 인원 2~3명이 북측 인력을 이끌면서 시공하는 방법으로 수행해 인건비를 일부 절감할 수 있었다. 그리고 건축, 전기, 기계설비 등 공종별 감리자를 두려고 했지만, 북측에서 건축 외 감리자 상주를 불허해 건축감리자만 상주했다.

전기 부문은 북측의 전력이 전압과 주파수가 안정돼 있지 않아 이를 안정시키는 별도의 시스템을 구축해야 했다. 그리고 당초 북측이 담당하기로 했던 전력 인입도 북측에서 남측이 자재를 지원할 것을 요구해 부지에서 2.5㎞ 떨어진 토성변전소에서 병원까지 인입 공사를 라이온스협회 부담으로 진행했다. 결국 북측이 담당한 부분은 부지 조성, 옥외 토목 공사(포장 및 하수도), 조경 공사 정도였다.

국제라이온스협회와 한국라이온스협회가 추진한 평양라이온스안과병원 공사 현장 / 천일건축엔지니어링

북한의 건축 사람을 잇다

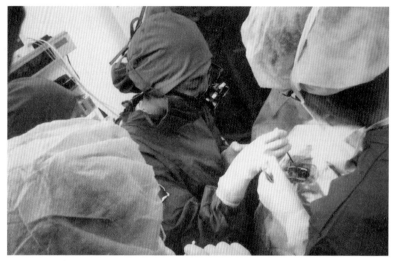

북한 의사가 집도한 안과 수술 / 국제라이온스협회·한국라이온스협회

2004년 7월 평양라이온스안과병원 공사는 남북관계 악화로 진행
이 어려워졌다. 이에 따라 2004년 9월로 예정된 준공도 불가능하게 됐
다. 2004년 7월부터 북한은 건설기술자의 방북 초청장과 9월로 예정된
준공식 협의를 위한 라이온스 임원 방북 초청장도 발급하지 않았다. 시
공사인 록우종합건설의 현장소장도 더 이상의 공사 추진이 힘들어지자
2004년 9월 평양에서 철수할 수밖에 없었다.

2004년 12월에야 중국 선양에서 공사 재개를 합의했다. 북측에서는
아시아태평양평화위원회가 참석했는데 그해 작황이 좋지 않다며 밀가
루 가공식품, 식용유, 비료, 농약, 비닐박막 등 지원을 요청했다. 공사 재
개의 대가로 생각돼 반감도 있었으나 한국라이온스협회에서는 인도적
차원에서 지원하는 것으로 처리했다. 라이온스의 지원 때문인지는 모르

북한의 건축 사람을 잇다

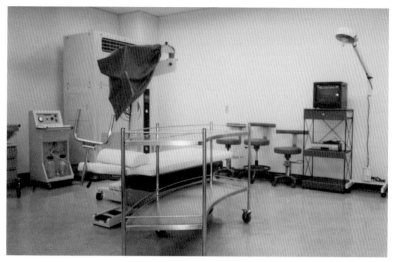

평양라이온스안과병원 수술실 / 천일건축엔지니어링

겠지만 공사 인원 제한, 감리원 상주 등 그동안 북한에서 승인하지 않았던 사항을 허용해 공사 추진이 조금 용이했다.

늦어진 준공식은 2005년 6월 15일 하기로 합의했다. 북측 공사 시 공사가 지연되는 경험을 했기 때문에 동절기 공사를 강행했다. 공사 재개 후에도 현장에서 안전사고와 화재가 발생하는 등 어려움이 있었으나 2005년 6월 공사를 마무리할 수 있었다. 준공식은 당초 2005년 6월 15일 예정이었지만 북측이 6·15 행사를 이유로 연기를 요청해 6월 18일 열렸다. 2002년 11월 22일 기공식 후 940일 만의 준공식이었다. 평양라이온스안과병원은 당초 건립에 650만 달러가 소요될 것으로 예상됐지만 최종적으로 800만~900만 달러 정도가 투입된 것으로 알려졌다. 준공도 예정일보다 2년 이상 지연됐다.

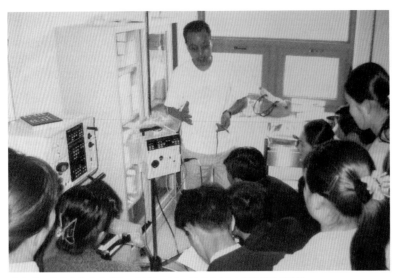

북한 의료진에게 안과 장비를 교육하는 모습 / 국제라이온스협회 한국연합회

한국 안과 의사가 북측 교육도 실시

병원은 전반적인 안과 질환 치료가 가능했다. 특히 백내장·녹내장에 의
한 실명 치료를 목적으로 하고 있다. 이를 위해 병원은 녹내장과, 백내장
과, 소아시기능과, 안(眼)정형외과, 기능검사실, 임상검사실, 레이저치
료실, 수술실, 입원실 등 시설을 갖추고 있으며 의사 20명을 포함해 의료
기사와 간호사 등 100명이 상주하면서 진료를 했다.

준공 후 한국실명예방재단 안과 의사들이 북측 의사 교육을 여러 차
례 시행했다. 병원 운영에 필요한 약품, 장비, 소모품 등의 지원을 2010
년까지 지속했지만, 정부의 5·24 조치 이후 지원사업을 못하고 있다.

평양라이온스안과병원은 준공 후 2010년까지 1만 건 이상의 백내장

수술을 한 것으로 알려져 있다. 2006년 평양라이온스안과병원 소속 의사들이 이동진료대를 구성해 각 지역에 찾아가 수천 건의 백내장과 안과 질환을 치료했다고 보도되기도 했다.

평양라이온스안과병원은 어린이 보건의료 지원, 폐결핵 지원과 더불어 남북 의료 협력의 대표적인 사업이며 성공적으로 추진된 사업이다. 특히 라이온스안과병원은 국제협회의 대규모 지원을 받았고, 국제라이온스협회의 중요 사업인 '시력우선운동'의 일환으로 시행돼 건립 후에도 병원 운영 비용과 개안수술비 등을 계속 지원받을 수 있었다.

남북관계 개선 시 의료 협력은 남북 협력 분야에서 우선 추진될 분야이다. 특히 최근 코로나19 팬데믹으로 북한도 어려움을 겪고 있는 것으로 알려져 이에 대응한 남북 의료 협력을 추진하고 있다. 남북 의료 협력이 재개된다면 정체된 남북관계가 개선되는 계기가 될 것으로 기대하는 시각이 많다. 남북관계가 개선되고 남북 의료 협력이 재개된다면 북한의 특구 혹은 개발구 개발사업과 연계해 의료 지원을 하는 방안을 고려할 필요가 있다고 생각된다.

남북 협력을 통한 경제특구, 개발구는 남측 인력의 방문과 체류가 용이하고 북측과 상시적으로 협의할 수 있다. 따라서 의료 지원사업을 보다 효율적으로 할 수 있으며 북한의 여러 지역에 거점을 마련할 수 있는 장점이 있다고 생각된다.

7 | 남북을 넘어 대륙 물류망의 시발점

북한, 중국, 러시아, 중앙아시아로 뻗어 나갈
남한 경제 도약의 원동력

경의선 문산(경기도 파주시에 있는 역)~봉동(개성에 있는 역) 구간을 운행하는 화물열차 / 필자 제공

한국은 반도국가라고 하지만 실상 육로를 통해 다른 나라를 갈 수 없다. 지리적으로는 섬이 아니지만, 실제로는 섬과 같은 국가이다. 해외여행이 자유화된 지 30년. 비행기로 국경을 넘는 것이 자연스럽다. 그러나 북으로 갈 때는 나라 간의 경계선을 넘어가는 느낌이 아니라 군사분계선을 넘는 느낌이 더 강하다.

남북 철도·도로 연결사업으로 분계선에서 끊어진 철도와 도로를 연결했다. 하지만 2008년 이후 남북관계가 악화되면서 국제 물류망과는 연결되지 못했다. 개성공단을 오가는 용도로만 이용되다가 2016년 개성공단이 폐쇄되면서 남북 간 교통은 완전히 단절됐다. 2018년 평창 올림픽, 남북정상회담 등으로 남북관계가 개선됨에 따라 남북 철도 연결을 위한 사전 조사가 이루어졌으나 2019년 하노이 북미정상회담 결렬과 2020년 코로나19로 사업 추진은 다시 중단됐다.

남북 간 교통 단절 구간은 총 13개 노선이다. 이 중 국도 6곳, 철도 4개 노선(경의선·동해선·경원선·금강산선)이 있다. 남북 교통망 연결은 오래전부터 추진돼 왔다. 통일로와 자유로 건설도 남북 교통망 연결의 일환으로 추진됐다. 통일로는 일제강점기에 건설된 국도 1호선(목포~신의주) 중 서울 은평구 구파발동에서 경기 문산까지 구간을 말한다. 통일로는 기존 도로(국도 1호선)를 고속화도로로 변경하는 공사를 1971년 착공해 1972년 준공했다. 길이는 49.2㎞이다. 당초에는 임진각으로 연결됐으나 1992년 통일대교가 건설돼 판문점까지 연장됐다. 통일대교 이후는 민간인통제구역이므로 허가를 받아야 통행할 수 있다. 북한에서 1987년 건설을 시작해 1994년 개통한 평양~개성(판문점) 고속도로와 연결하면 평양까지 갈 수 있다. 자유로는 1990년 행주대교에서 자유의 다리(임진각)까지 도로 신설계획을 확정하고, 그해 착공해 1994년 9월 준공했다.

남북 철도와 도로 연결사업

통일로와 자유로 건설은 남북관계와 밀접한 연관이 있다. 통일로는 경기 북부 교통의 해결, 군사적 목적 외에 1971년부터 남북회담이 시작되면서 북한 방문단에 보여 주기 위한 목적도 있었다. 북한 방문단은 남한 방문 시 1990년대까지는 자유의 다리를 건너 통일로, 구파발을 거쳐 서울로 들어왔다. 자유로는 일산 신도시의 교통 문제 해결, 홍수 방지 등의 목적도 있었지만 1990년 남북회담에서 논의된 남북 도로 연결을 위해 건설됐다. 하지만 남북관계 악화로 2000년까지 도로 연결은 추진되지 못했다.

남북은 2000년 8월 경의선 철도·도로 연결에 합의했으나 북한은 철도·도로 공사에 착수하지 않았다. 2000년 미국 부시 대통령 집권에 따른 북미관계의 악화, 2001년 남북 갈등의 영향도 있었으나 주요한 이유는 북한이 경제적 어려움으로 자력으로 도로·철도 공사 추진이 불가능했기 때문으로 보인다.

북한이 2001년 경의선 외에 동해선도 동시에 연결돼야 한다고 주장해 2002년 8월 제7차 남북장관급회담에서 경의선과 동해선 철도·도로

북한의 건축 사람을 잇다

의 동시 착공에 합의했다. 2002년 9월 남북 철도·도로 연결 실무협의회에서 경의선과 동해선 철도·도로 연결 공사 착공식과 공사 자재·장비 제공 관련 내용을 합의했다. 착공식은 9월 18일 남북이 동시에 진행했다.

남한이 북한에 철도·도로 연결 공사용 자재와 장비를 차관으로 제공한 것은 북한의 경제 사정과 건설 능력으로는 자체적으로 공사가 어렵다고 판단했기 때문이다. 또 남북 철도와 도로 연결이 한반도 평화와 공동 번영에 기여하는 바가 크고, 장기적으로 대륙 교통망과의 연결이 우리 경제의 새로운 성장 동력이 될 것이라는 판단에 따른 조치였다.

경의선 남북 연결도로의 북측 구간(2005. 3) / 필자 제공

개성 판문역 건설 현장 / 이상행 건축사

　자재·장비 제공 합의에 따라 조달청을 통해 현대아산을 자재·장비 구매대행업체로 선정했다. 2002년 10월 경의선은 인천항에서 해주항으로, 동해선은 속초항에서 장전항으로 자재·장비를 운송했다. 남한은 당시 제공된 장비·자재의 투명하고 정상적인 사용을 위해 현장 방문을 통한 점검을 지속적으로 실시했다.

　남북 도로·철도는 군사분계선을 통과해야 하므로 남북 간 군사 합의가 필요하다. 6·25 정전협정은 북한과 유엔이 체결하고 남한은 참가하지 않으므로 군사분계선을 통과하려면 유엔사령부의 승인을 받아야 하는 문제가 있었다. 남북 철도·도로 연결사업을 위해 먼저 정전협정 절차에 따라 유엔군과 북한군 대표 간 경의선·동해선 연결 공사 지역을 남북 관리구역으로 설정하는 합의가 이루어졌다. 2001년 2월 8일 남북 군

북한의 건축 사람을 잇다

사실무회담에서 경의선 공사구역에 대한 군사적 보장에 합의했으나 발효가 미뤄져 오다 2002년 9월 18일 경의선·동해선 동시 착공을 앞두고 '동해지구와 서해지구 남북 관리구역 설정과 철도·도로 작업의 군사적 보장을 위한 합의서'에 서명, 교환했다. 이 합의에서 동해선은 철도 노반을 중심으로 100m의 폭을, 경의선은 250m의 폭을 남북 관리구역으로 하기로 했다.

'남북 철도·도로 연결 자재·장비 제공' 사업은 남한이 북한에 인프라 건설을 지원한 최초의 사업이라고 할 수 있다. 자재·장비는 시멘트, 형틀, 아스팔트 피치, 각종 공구, 건설 중장비 등이 망라됐다. 장비 중 일부는 임대 조건이었다. 남한이 제공한 자재·장비를 갖고 북한은 군부대와 청년돌격대를 동원해 공사를 진행했다. 도로는 왕복 4차선에 포장은 아스팔트로 했다. 철로는 단선으로 기존 철도를 개·보수했다.

경의선과 동해선 철도·도로 동시 착공

북한 구간의 교량은 남한과 구조설계 기준과 시공 방법이 달라 중량 차량이 운행하는 경우 구조적으로 안전하지 않은 것으로 평가되기도 했다. 도로 주변의 배수가 잘되지 않는 문제도 있었다. 또한 철도의 교량과 노반의 안정성도 확인하기 어려웠다. 도로·철도 노선도 직선화할 수 있었으나 굴곡진 노선을 유지했다. 향후 북한의 철도·도로 등 교통망 건설 지원 시 자재·장비만이 아니라 조사, 계획 및 설계 단계에서 협력해 효율적인 건설 방법을 도출할 필요가 있다고 생각된다.

경의선 도로는 차량 통행이 가능해진 2003년 초부터 개성공단 개발 준비를 위한 차량 임시 통행을 실시했다. 동해선 도로는 2003년 2월 11

문산~봉동 간 화물열차 시범 운행 기념식(2007.12) / 현대아산

일 임시도로 개통식을 갖고 금강산 육로 시범 관광을 실시했다. 경의선 철도는 2003년 6월 14일에 비무장지대의 남북 철도 구간이 연결돼 당일 연결 행사를 가졌다. 경의선 도로는 2003년 10월 연결됐으며, 평양 류경정주영체육관 개관식 행사를 위해 차량 100여 대가 통행했다.

남북은 2005년, 2006년 두 차례 철도·도로 개통식 일정에 합의했지만, 북한이 군사적 보장 합의를 미룸에 따라 성사되지 못했다. 개통식은 하지 못했지만 2007년 남북정상회담 후 경의선 철도 운행에 합의해 2007년 12월 11일부터 문산~봉동 구간에 매일 1회 화물열차 정기운행을

리모델링 후의 개성역 / 이상행 건축사

시작했다. 그러나 남북관계 악화로 화물열차 운행은 2008년 11월 28일 중단됐다. 중단될 때까지 화물열차는 총 222회(편도 기준) 운행됐다.

　북한은 2009년 8월 운행 재개를 통보해 왔으나, 금강산 관광객 피격 사건과 물동량 확보 난항을 이유로 남한에서 운행 재개를 거부했다. 남북 교통망은 경의선 도로·철도, 동해선 도로·철도 등 4개 노선이 연결됐지만 동해선 철도는 남측 철도 일부 구간이 단절돼 운행하지 못했다. 도로는 2003년부터 2008년 7월 금강산 관광이 중단되기 전까지 이용됐지만, 이후에는 이산가족 면회를 제외하고 전혀 이용되지 못하고 있다.

문산·봉동 구간 화물열차를 환영하고 있는 개성공단 남측 주재원들 / 필자 제공

경의선 철도는 2008년 열차 운행이 중단됐고, 2016년 2월 개성공단 중단 후 남북회담, 연락사무소 통행 등을 위해 간헐적으로 이용되고 있어 사용하지 않는 시설물들은 계속 노후화되고 있다.

2008년 이후 남북관계가 우여곡절을 겪었음에도 불구하고 남북 교통망을 연결하려는 노력은 계속돼 왔다. 특히 2018년 남북관계 개선 후 북한 철도에 대한 남북 공동 조사를 시행했다. 2019년 2월 하노이 북미 정상회담 결렬 후에도 남북 교통망 연결에 대비해 남측 구간 공사를 추진하고 있다. 남북 철도망 연결사업은 2018년 유엔의 대북 제재 면제 대상으로 지정됐으므로 코로나19가 진정되면 남북 간 협의를 통해 추진이 가능할 것이다.

북한의 건축 사람을 잇다

남북 교통망 연결로 바뀔 세상

남한은 무역 물류 대부분을 해상을 통해 운송해 왔다. 남북 교통망이 연결될 경우 북한, 중국, 러시아, 몽골, 중앙아시아 교역을 위한 상당량의 물류는 육상으로 운송될 것이며, 교통망과 인접한 접경지역은 교역 물류의 중심지로 발전할 것으로 예상된다. 중국과 러시아를 방문하는 여객 상당수도 육로 교통을 이용, 접경지역의 외국인 방문도 증가할 것이다.

또한 중국의 동북 지방(랴오닝성·지린성·헤이룽장성)은 인구가 1억 8000만 명으로 전체 인구의 8.2%, 면적은 중국 전체의 8.3%를 차지하는 지역으로 지하자원이 많고 농업이 발달했지만 상대적으로 산업은 덜 발전된 지역 중 하나다. 중국 동북 지방과 남북한 인구를 합치면 2억 5000만 명 이상으로 대규모 경제권이 형성될 수 있다. 남북한 및 중국의 인건비 차이, 기술적 격차 등은 3국의 국제 분업 체계를 만들어 산업 경쟁력을 확보할 수도 있다. 남북 교통망 연결은 남북을 넘어 중국 동북 지방, 그리고 대륙 물류망과 연결돼 남한 경제 도약의 새로운 원동력이 될 수 있다.

8 | 남북이 함께 만든 교회

북한 기독교의 상징, 칠골교회와 봉수교회

평양 봉수교회 / 기쁜소식

북한의 건축 사람을 잇다

북한 교회가 자생적인 것인지, 선전선동을 위해 북한 당국에서 만들어 낸 것인지 알 수 없으나 북한 정권, 특히 김일성 주석이 기독교와 깊은 인연이 있었던 것은 사실이다. 김일성 주석의 회고록 <세기와 더불어>를 보면 아버지(김형직)와 어머니(강반석)가 기독교인이었으며 본인도 어린 시절 교회를 다녔다고 한다.

북한도 1950년대까지는 종교적 자유가 허용됐다. 이는 해방 후 사회주의 정권이 들어섰으나 지지 기반이 취약해 종교 세력을 포함한 민족주의 세력과 연합전선을 구축할 필요가 있었기 때문이다. 북한은 1946년 제정한 헌법에서 종교의 자유를 허용했으며, 다른 사회주의 국가와 다르게 반종교 선전의 자유를 명기하지도 않았다.

하지만 한국전쟁 후 미국에 대한 적대감은 기독교에 대한 반감으로 이어졌다. 종교를 미신과 동일시하는 교육과 선전이 이뤄졌고 1950년대 중·후반 종교시설 행사는 사라진 것으로 보인다. 다만 1960년대부터 가정에서 예배를 보는 가정교회는 허용했는데 60세 이상의 신자들은 제한 없이 신앙생활을 하도록 했다고 한다. 1960년대에 가정교회는 500개 이상이 있었다. 그러나 신자들은 사회적으로 차별을 받았으며 인식도 좋지 않았다.

북한의 칠골교회와 봉수교회 건립

종교활동이 다시 활기를 찾은 것은 1970년대부터다. 변화된 국제 정세

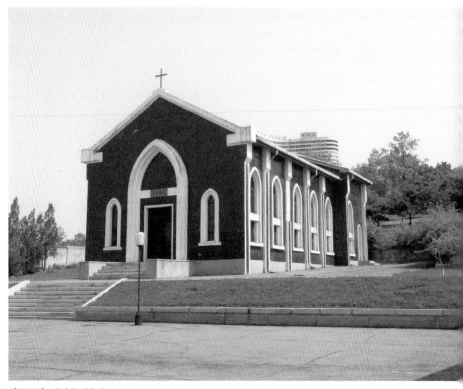

칠골교회 / 정시춘 건축사

에 대응하기 위한 정책적 선택으로 보인다. 1972년 미중정상회담이 이루어지면서 긴장이 완화되자 서방 국가와 사회주의 국가 간 교류가 시작됐다. 북한은 종교단체를 외부와의 교류에 이용했다. 1980년대 동서 냉전 해체와 동유럽 민주화운동의 본격화로 북한은 경제적 어려움에 처했다. 북한은 이를 해결하기 위해 국제 교류에 종교를 활용하기도 했다.

　1990년대에 이르면 북한의 경제적 어려움과 외교적 고립이 가중됐다. 이를 타개하기 위해 북한은 종교를 탄압한다는 국제적 비난의 근거

북한의 건축 사람을 잇다

봉수교회 입당 감사 예배 / 기쁜소식

가 된 헌법상 반종교 선전활동의 자유를 삭제했다. 이로 인해 종교의 국
제적 교류가 확대됐다. 그러나 북한의 종교 정책 변화는 종교 자유 보장
보다 대외 정책 차원에서 추진된 측면이 크다. 1992년 한중 수교로 중국
방문이 용이해지면서 한국 기독교는 중국을 방문한 북한 주민을 대상으
로 선교활동을 활발하게 진행했다. 이 과정에서 일부 선교사의 정치적
인 행동이 문제가 됐다. 이는 북한이 기독교에 대해 경계심을 갖고 중국
과의 갈등을 불러오는 요인이 되기도 했다.

칠골교회 계획안 모형 / 정시춘 건축사

　북한의 종교 정책 변화와 남북 종교 교류에서 칠골교회와 봉수교회 건립은 큰 의미가 있다. 북한은 1989년 세계청년학생축전을 위해 광복거리를 만들고 대규모 아파트 단지를 조성했다. 기독교인들은 점차 가정에서 예배가 어려워졌다. 이에 김일성 주석은 칠골교회 건립을 직접 지시했다. 칠골교회는 김일성 주석과 그의 어머니 강반석 여사가 다녔던 하리(下里)교회 터에 1989년 지어졌다. 1992년 재건축됐다가 2013년 개축됐다. 칠골교회는 반석공원(강반석 여사의 이름을 딴 공원)에 있으며, 공원에는 강반석 여사 생가와 칠골혁명사적관이 있다. 주변에는 김일성 주석이 2년 동안 다녔다는 창덕소학교가 있다. 칠골교회도 봉수교회와 마찬가지로 외국인들이 많이 방문했지만 남측 기독교인들의 방문은 잘 허용하지 않아 봉수교회에 비해 덜 알려졌다.

봉수교회는 북한 기독교의 중심부라고 할 수 있다. 봉수교회는 평양시 만수대구역 건국동에 있으며 1987년 착공해 1988년 준공했다. 부지와 건설자재는 북한 당국이 제공했고 신자와 해외동포가 모금을 해 자체적으로 건립했다. 교회 부지는 약 8000㎡(약 2420평)이고 1층, 200석 규모의 예배당을 갖추고 있었다. 1988년 당시 북한 화폐로 50만 원(205만 달러)이 소요됐다. 첫 예배는 1988년 11월 6일 드렸다. 처음 신자는 300명 정도였으며 평균 연령은 50대 이상이었다.

북한 지역 교회 건립을 위한 노력

1990년대부터 한국 기독교와 국제 기독교계에서는 북한 지역에 교회 건립을 추진했다. 그러나 조선그리스도연맹(조그련)은 봉수교회와 칠골교회가 있고 500여 개의 가정예배소가 있으므로 필요하지 않다는 입장이었다. 조그련은 교회 건립에는 반대했지만 외부의 각종 지원은 받아들였다. 이미 1990년대 중반 조그련은 미국 교회의 지원으로 봉수국수 공장을 설립했고 운영 관련 지원을 받기도 했다.

한국 기독교에서는 1998년 봉수국수 공장의 시설 보수와 운영 지원을 시작했다. 2002년에는 봉수교회 부지에 1322㎡(400평) 규모의 유리온실을 설치했다. 유리온실 준공 후에는 평양신학원을 건축했다. 특히 예수교장로회 통합(예장통합)과 기독교대한감리회 서부연회(기감서부연회)의 참여 의지가 컸으며, 두 교단은 중복 투자를 막기 위해 역할을 분담하기로 했다. 건축 관련 설계와 자재비 지원은 예장통합 측에서 하고, 학원 운영 지원은 기감서부연회에서 하기로 합의했다.

칠골교회 신축계획안
정주건축연구소 S:1/200

구 분	내 용	비 고
대지위치	평양시	
대지면적	7004.21㎡(2118.77평)	
용 도	종교시설(교회)	
규 모	본당 : 지상2층	
	친교관 : 지상2층	
	기존 예배당 : 지상1층	
건축면적	본당 : 668.52㎡(202.23평)	
	친교관 : 376.50㎡(113.89평)	
	기존 예배당 : 200.00㎡(60.50평)	
	합계 : 1265.02㎡(376.62평)	
건폐율	18.06%	
연면적	본당 : 797.04㎡(241.10평)	
	친교관 : 737.94㎡(223.23평)	
	기존 예배당 : 200.00㎡(60.50평)	
	합계 : 1734.98㎡(524.83평)	
용적률	24.77%	
조 경	2724.69㎡(824.22평)	
주차대수	30 대	

■ 층별바닥면적

구 분		층	면적(㎡)	면적(평)
기존 건축물	기존 예배당	1 층	200.00㎡	60.50평
		소 계	200.00㎡	60.50평
신축 건축물	본당	1 층	668.52㎡	202.23평
		2 층	128.52㎡	38.88평
		소 계	797.04㎡	241.10평
	친교관	1 층	376.50㎡	113.89평
		2 층	361.44㎡	109.34평
		소 계	737.94㎡	223.23평
합 계			1534.98㎡	464.33평
총 계			1734.98㎡	524.83평

칠골교회 신축건축안 / 정시춘 건축사

봉수교회 철골 공사 / 기쁜소식

북한의 건축 사람을 잇다

봉수교회 외장 공사 / 기쁜소식

봉수교회 개축 합의서에 서명하고 있는 대한예수교장로회 김용덕 장로와 조선그리스도연맹
강영섭 위원장 / 기쁜소식

    2003년 4월 6일 대한예수교장로회(통합) 측 대표단이 평양신학원
건축 기공예배에 직접 참석해 조선그리스도연맹 강영섭 위원장을 비롯
한 관계자들과 함께 기공식 예배를 드렸다. 건축자재는 남측에서 제공
하고 시공은 북측이 담당했다. 자재는 인천항에서 남포항으로 해상으로
운반했으며 일부 골재도 남측에서 제공했다. 공사는 순조롭게 진행돼
기공식 후 약 6개월이 지난 2003년 9월에 건물을 완공했다. 공사비로
약 6억 원이 투입됐으며, 건축 면적 1125㎡(340.5평)의 2층 건물이다.

    신학원 건립에 이어 2005년부터 대한예수교장로회(통합) 측과 조선
그리스도연맹 측은 봉수교회 재건축에 대하여 협의를 진행했다. 1989
년 건축된 봉수교회는 건물이 노후화됐고 규모도 작았으므로 개축할 필

북한의 건축 사람을 잇다

요가 있었다. 남측의 대한예수교장로회(통합) 남선교회 전국연합회와 북측의 조선그리스도연맹, 봉수교회 측이 2005년 5월 7일 재건축에 대해 협의했다. 9월 5일에는 남측의 홍희천 장로와 김용덕 장로, 북측의 강영섭 목사, 오경우 목사가 기존 봉수교회를 헐고 새롭게 건축하기로 합의했다.

봉수교회는 2005년 11월 9일 신축 감사예배를 시작으로 기존 교회를 철거하고, 연면적 1983㎡(600평) 규모의 교회 건축 공사에 착수했다. 2006년 2월 1일 철골 공사를, 9월 31일 콘크리트 공사를 완료했고, 11월 30일 상량 감사예배를 드렸다. 당초에는 9월에 상량식을 하고 성탄절에 입당식을 할 계획이었으나 북한의 1차 핵실험의 영향 등으로 공기가 지연됐다. 2006년 11월 상량식 후에도 동절기, 2007년 여름철 홍수의 영향으로 공기가 지연돼 2007년 8월 30일에야 외부 석재 공사가 완료됐다. 11월 3일 내부 인테리어 공사와 냉난방 시공을 마무리했다. 12월 8일 음향, 영상, 성구 설치 공사를 완료해 당초 계획보다 1년 이상 지연된 2007년 12월에 완공됐다.

2008년 4월 남북 공동 예배

신축 교회는 현대식으로 계획됐다. 화강석으로 외장을 마감했으며 전면부 지붕에는 화강암 십자가를 세웠다. 내부의 벽면과 바닥은 대리석과 고급 목재로 장식했다. 영상, 조명, 음향시설 등도 상당한 수준으로 갖추었다. 지상 3층의 건물 1층에는 사무실·당회실·접견실·성가대실·화장실이 있고 2층은 1000여 개의 좌석, 3층은 200석 규모의 예배실로 건립

함께 기도하는 봉수교회 교인들과 방북 선교단(2006. 6. 3) / 기쁜소식

됐다. 또한 내부에 승강기를 설치했고 그랜드피아노, 40석의 성가대석, 대형 스크린과 촬영 시스템을 비롯해 현대식 설비를 갖추었다. 약 33억 원의 총공사비가 든 것으로 알려져 있다.

공사 완료 후 2007년 12월 21일 입당식 감사예배를, 이듬해인 2008년 4월 6일 남북이 공동 예배를 드렸다. 그리고 7월 16일 건축 최종 단계인 '헌당식 감사예배'를 드림으로써 모든 건축 과정을 마무리했다.

현재 봉수교회의 주일 예배는 매주 오전 10시에 열리며, 북한 교인뿐만 아니라 북한을 방문한 관광객, 사업가, 외교사절과 북한에 주재하는 외교관, 국제기구 직원, 평양과학기술대학교 교수·직원 등 외국인들도 참석한다고 한다. 또한 봉수교회의 북한 교인들은 평일 조별모임도 예배당에서 가진다. 현재 교인은 300여 명으로 직분자로는 장로 9명, 권사 14명, 집사 5명이 있다. 신자들의 연령 분포를 보면 50대 이상이 대부분이며 청년들은 거의 없고 여성이 70%를 차지한다.

봉수교회 준공 후 한국 기독교에서는 칠골교회 재건축도 추진했다. 기존 교회가 역사적 가치가 있다고 판단해 기존 교회는 존치하고 부지 내에 추가로 교회를 건립하는 방안을 마련했다. 하지만 2008년 이후 남북관계가 악화하면서 칠골교회 재건축 사업은 추진되지 못했다. 남북관계의 어려움으로 2010년 이후 대부분의 교류가 중단됐다. 하지만 1990년대부터 20년간 이어 온 기독교계의 교류와 협력 경험은 향후 남북관계 개선 시 큰 자산이 될 것으로 보인다. 남북 기독교의 협력과 교류를 위해서는 상호 있는 그대로의 모습을 인정하고 이해할 필요가 있다. 그럼으로써 한 차원 더 높은 교류와 협력이 가능할 것이다.

9 | 남북 모두가 '윈윈'하는 광물자원 협력

세계 5위의 광물자원 수입국 남한과
상당한 매장량을 가진 북한

바닷모래 하역 현장 / 한국골재협회

북한과의 경협사업에서 가장 기대되는 분야로 북한의 저렴한 인건비를 활용한 제조업, 낙후된 인프라 건설을 위한 건설산업, 북한의 풍부한 지하자원 개발 등을 꼽는 사람이 많다. 북한은 일제강점기부터 풍부한 부존 광물자원을 기반으로 광공업이 발달했던 지역이다. 특히 중석, 몰리브덴, 마그네사이트, 흑연, 중정석, 운모, 형석, 금, 철, 아연, 알루미늄, 석탄 등이 풍부하고 마그네사이트의 경우 전 세계 매장량의 약 50%를 갖고 있다. 또한 서한만 및 동한만 등에 약 500억 배럴(북한 측 주장)의 원유가 매장돼 있으며, 캐나다 등의 외국 기업들이 탐사권을 확보하고 있는 것으로 알려졌다.

북한 지하자원의 잠재적 가치에 대해서도 여러 논란이 있다. 북한의 지하자원 매장량이 세계적인 규모라는 주장과 과장됐다는 주장이 엇갈린다. 북한이 공식적으로 지하자원 매장량을 발표하지 않고 추정치도 편차가 크다. 하지만 매장량이 과장됐다고 하더라도 연간 수출액의 절반가량이 광물자원인 것을 보면 상당한 양이 존재하는 것은 분명하다.

남한은 세계 5위 광물자원 수입국으로 광물 자급률이 극히 낮아 전체 광물 수입 의존도는 88.4%에 이른다. 이에 비해 북한은 자원이 풍부하므로 광물자원 협력은 남북 모두에게 큰 이익을 줄 수 있는 분야라고 생각된다. 그러나 남북 자원 협력사업은 광산 개발과 운송을 위한 교통망 구축에 대규모 투자가 필요해 실제로 추진된 사업은 많지 않다. 그동안 이루어진 대표적인 남북 자원 협력사업은 비교적 적은 투자로 가능했던 북한 모래와 석재 반입사업이라고 할 수 있다.

북한산 모래 반입사업

광물자원 협력은 다른 남북 경협사업과 마찬가지로 2010년 5·24 조치로 완전히 중단됐으며 북한산 모래 반입도 중단됐다. 북한산 모래는 2000년대 중반 국내에서 사용되는 건설용 골재의 30%를 차지한 적도 있어 반입 중단은 건설업에 상당한 영향을 미쳤다.

국내에서는 1980년대 후반 200만 호 주택 건설사업의 영향으로 인건비와 자재비가 급등했다. 1990년대 초 북측과의 관계 개선 분위기가

1 북측 기술자와 작업중인 경남대 임형준 교수(갈색 상의)
2 개성 아리랑태림석재합영회사에서 조각한 성모자상 / 임형준

북한의 건축 사람을 잇다

조성되고 있었으므로 건설업계는 원가 절감을 위해 북한산 시멘트, 철강, 석재, 모래 등의 수입을 검토했으나, 1994년 북핵 위기로 남북관계가 경색되고 건설 수요도 줄어들면서 추진되지 못했다.

건설자재 관련 협력사업은 2002년 북한 서해안에서 건설용 모래를 반입하면서 본격화됐다. 우리나라는 1980년대부터 바닷모래를 채취해 사용했다. 바닷모래는 강모래보다 채취 비용이 높아 많이 사용되지 않았으나, 노태우 대통령의 주택 200만 호 건설 추진 후 골재 부족으로 인한 가격 급등으로 본격적으로 사용되기 시작했다.

1990년대 초반까지 바닷모래는 전체 모래 수요량의 20%를 넘지 않았다. 하지만 1990년대 환경보호에 대한 목소리가 높아지면서 강모래 채취에 규제가 강화돼 사용이 증가했다. 바닷모래 채취가 늘어나며 해양 생태계에 영향을 미치자 정부는 1990년대 후반부터 연안에서의 모래 채취를 제한하고 먼바다에서 채취하도록 했다. 먼바다의 수심이 깊은 곳에서 모래를 채취하기 위해서는 고가의 장비가 필요하고 채취 비용도 증가했다. 2000년부터 인천시 옹진군 주민들이 모래 채취를 반대한 것을 시작으로 대부분의 지방자치단체가 바닷모래 채취를 꺼리면서 2003년 모래파동이 일어났다. 결국 2004년 7월 바닷모래 채취가 금지됐다. 이것이 북한 모래 반입의 주요 배경이 됐다.

남북관계 경색으로 중단된 모래 반입

남북교류협력협회 자료에 따르면 북한 모래는 1992년 함경남도 함흥의 성천강에서 해상 운송으로 1t이 들어온 것이 최초였으며, 1995년에는 상당한 규모가 반입됐다. 2002년에는 해주 앞바다 모래가 반입되기 시

아리랑태림석재합영회사의 개성 레미콘 공장 / 태림산업

작했고, 2004년부터 본격적으로 국내에 반입됐다. 해주 앞바다 모래를 들여온 업체는 국양해운이었으며, 2004년에는 남북해운협정이 체결돼 있지 않아 제3국(홍콩·중국 등)의 해운회사를 통해 반입됐다.

2004년 6월부터는 개성시 판문군의 사천강 모래도 반입되기 시작했다. 골재 채취업체인 씨에스글로벌이 북한 민족경제협력연합회(민경련) 산하의 개선무역총회사와 모래 반입 계약을 했으며 계약 기간은 30년이었다. 사천강은 분계선으로부터 불과 9㎞ 거리에 있어 운송비 부담도 적었다. 2004년 6월 7일 25t 트럭 15대 분량의 모래가 최초로 육로를 통해 반입됐다.

2004년, 해주 앞바다 모래 반입이 2개월간 중단되기도 했다. 남측의 30여 개 해운사가 경쟁했고, 북한 기관 간에도 실적 경쟁이 일어났다. 2004년 7월 모래 반입이 중단됐다가 9월 재개됐다. 중단된 2개월간 북한은 모래 사업 관련 기관들을 정리한 것으로 보인다. 2004년 말에는 함

북한의 건축 사람을 잇다

홍(홍남) 앞바다에서 채취한 모래도 반입됐다. 모래 채취 위치는 1990년대 모래를 반입했던 함흥 성천강 하구의 만 지역이었다.

2005년 5월에는 남북해운합의서가 채택됐다. 이에 따라 제3국을 통하지 않고 국내 선사가 직접 모래를 운송할 수 있게 됐다. 또한 2005년 8월에는 해주 모래 채취 현장에 남측 기술자가 방문해 직접 작업했다. 2005년 말부터는 두만강 모래도 반입됐다. 두만강 모래는 해주 앞바다에서 채취한 모래보다 불순물과 염분이 적어 품질이 우수했다.

북한은 2007년 3월 1일부터 남측 바닷모래 채취업체로부터 받는 사용료를 60%가량 인상하겠다고 통보했다. 모래 가격 인상 조치는 북한이 대내외 모래 수급 사정을 면밀히 검토한 뒤 취한 것으로 보인다. 중국은 2008 베이징 올림픽 경기장 건설을 위해 모래 수출을 전면 금지할 예정이었고, 남한은 환경보호를 위해 모래 채취를 몇 년째 금지하고 있었으므로 모래 가격을 인상해도 받아들일 수밖에 없다고 판단했던 것 같다.

지자체는 북한산 모래의 가격 인상으로 반입에 문제가 발생하자 2008년 충남 태안 해역과 전북 군산 배타적경제수역 등지에서 모래 채취를 허용했다. 해주산 모래 반입이 2008년 3월 이후부터 20% 이상 감소했다. 2008년 북한산 모래 반입량은 2007년에 비해 40% 이상 줄었다.

2008년 남한 정권이 바뀌면서 남북관계가 경색되기 시작했다. 결정적으로 2010년 천안함 사건이 발생한 후 정부는 개성공단을 제외한 남북 경협과 교류를 전면 중단시키는 5·24 조치를 발표했다. 이에 따라 북한산 모래 반입은 전면 중단됐다. 대북 경협 중단 조치로 인해 모래 수입업계는 210억 원가량의 직접적인 피해를 입은 것으로 알려졌다.

북한 석재 개발

1990년대 남북 교류가 시작되면서 여러 석재회사가 북한의 석산 개발을 검토했다. 북한 석재는 국내 석재와 유사하고 가격도 저렴할 것으로 예상됐다. 당시 중국의 석재 가공 기술이 낮아 품질이 좋지 않았고 원석을 반입해 국내에서 가공하는 경우 운송비 부담이 높았다. 북한에 석재 가공 공장을 건설해 석재를 생산하면 경쟁력이 있을 것으로 예상했다. 그러나 2000년대 초반까지 석재 관련 협력사업은 진행되지 못했다.

태림산업은 국내외 개발사업 전문회사인 호야씨앤티 계열사로 2004년 대북사업을 목적으로 설립됐다. 2005년 북측의 조선개선총회사와 석산 개발에 합의했으며, 2006년 9월 북측의 아리랑총회사와 투자 비율 50 대 50으로 남북 합영회사인 아리랑태림석재합영회사를 설립했다.

태림산업은 석산 개발과 공장 건설에 295만 달러(약 32억 원)를 투자

아리랑태림석재합영회사의 석재 채취 현장 / 태림산업

했다. 공장은 개성공단 밖 2㎞ 지점인 개성시 덕암리에 있다. 부지는 약 4만 9600㎡(약 1만 5000평)였다. 공장 면적은 3300㎡(약 1000평) 규모로 2006년 9월 준공됐다. 석산은 평안남도 남포시 룡강 지역의 석산, 황해남도 해주시 수양석산과 개성시 장풍군 월고리의 석산을 개발하기로 했지만, 운송 거리 등을 고려해 우선 개성 장풍석산을 개발했다.

석재 공장에서는 건축용 석재만이 아니라 조각품과 묘석을 제작하기도 했다. 경남대 임형준 교수(미술교육과)는 북한의 만수대 창작사 소속 조각가 7~8명과 조각 작업을 했다. 2008년에는 마산 월영성당에 남북 조각가가 합동으로 작업한 성모자상이 설치됐다.

개성에서 생산한 원석과 가공 석재는 개성공업지구 내의 도로와 남북 연결도로(경의선 도로)를 이용해 남측으로 운송됐다. 북측이 원석 가격의 조정을 요구하고 직원의 방문을 불허해 어려움을 겪기도 했지만, 2008년부터 본격 생산에 들어가 연 매출액 50억 원을 올릴 수 있었다. 그러나 2010년 5·24 조치로 사업이 중단됐으며, 사업 중단 전까지 투자한 금액은 총 2000만 달러(약 220억 원) 가까이 된다고 한다. 북한 석재 개발사업은 성공적이었다고 보기는 어렵다. 공장 운영을 위한 전력, 용수 공급시설이 부족했고, 석산에서 공장까지의 도로 사정도 좋지 않아 공장 운영에 어려움이 있었다.

그동안 광물자원 협력사업이 본격화되지는 못했지만, 남북관계가 개선되는 경우 대규모 협력사업이 추진될 것이다. 북한의 광물자원 매장량은 상당한 규모이며 경제성도 있다. 그러나 협력사업 시에는 전력, 도로, 항만 등 인프라 건설 비용을 포함해 경제적 타당성을 면밀하게 분석해야 한다.

10 | 지속적이고 체계적인 북한 어린이 보건의료 지원

평양 어린이 어깨동무병원과
모유 대용 콩우유 공장 건립 등

평양어린이어깨동무병원 / 어린이어깨동무

어린이어깨동무는 대북 지원단체 중 가장 활발하게 활동하고 있으며 어린이 영양, 의료, 교육 지원사업을 목적으로 하고 있다. 이를 위해 콩우유(두유) 공장, 학용품 공장, 병원 등을 평양과 그 외 북한 여러 지역에 건립하고 2016년까지 운영 지원을 했다. 국내에서는 어린이와 선생님들을 대상으로 한 통일교육을 하기도 한다.

어린이어깨동무는 어린이운동단체인 '공동육아'와 한겨레신문이 남북 어린이 교류를 위해 1996년 설립했다. 설립 초기, 북한의 식량난으로 가장 큰 피해를 보고 있는 어린이를 돕기 위해 분유, 구충제 등 의약품, 밀가루 등의 인도적 지원을 했다. 1998년 김대중 정부의 햇볕정책에 따라 민간 교류가 확대됐으며 어린이어깨동무 대표단이 북한을 방문했다.

대표단은 북한 어린이들에 대한 지원이 긴급 구호 차원이 아닌 지속적이고 체계적으로 이루어져야 한다고 판단했다. 관련 전문가들과 북한 어린이 영양 개선을 위한 지원 방안을 검토한 뒤 2000년 3월 북한 '어린이영양관리연구소'와 지원에 대한 협의를 진행했다. 그 결과 식량난으로 모유 수유가 부족한 북한 영유아를 위해 대용 식품으로 콩우유를 개발·공급하기로 합의했다. 2001년 9월 콩우유 생산을 위한 제반 설비, 원료를 공급하고 운용 기술을 전수했다. 콩우유 생산설비 지원과 기술 전수는 어린이어깨동무의 본격적인 지원의 시작이었다고 볼 수 있다.

평양어린이어깨동무병원 공사 현장 / 어린이어깨동무

평양어린이어깨동무병원 건립

2000년대 북한에 대한 의료 지원사업은 평양 중심의 병원 건립사업으로 추진됐다. 남측 단체에 의해 처음으로 진행된 병원 건립사업은 어린이어깨동무의 '평양어린이어깨동무병원' 건립이었다. 어린이어깨동무가 북한에 어린이 영양과 관련된 치료와 연구를 위한 시설 건립을 제안

북한의 건축 사람을 잇다

했고, 2002년 2월 병원 건립에 합의했다.

　병원 건립 시 남측은 설계와 의료장비 지원을 하고 북측은 건축을 맡기로 했다. 처음에는 '설사' 관련 질병 치료를 위한 병원을 건립하기로 했으나 나중에 치과 치료가 추가됐다. 북한의 경제 사정을 고려해 2003년 4월 병원 건축자재도 남측에서 제공하기로 했다.

　병원 부지는 평양 동대원구역 새살림동(새살림거리)에 있었다. 동대원구역은 김일성광장 건너편 지역으로 주체사상탑이 있다. 골조 공사 중 중단된 병원을 활용하기로 했다. 기존 병원은 기초, 1층 기둥과 벽 일부 골조 공사가 진행된 상태였다. 처음에는 7층 규모였으나 지하 1층, 지상 3층 규모로 남측에서 설계했다. 설계는 황영현 건축사(이가건축)가 담당했다.

　연면적은 5450㎡(약 1649평)이며 철근 콘크리트 구조로 설계했다.

북측 기술자에게 기술 지도를 하는 남측 기술자 / 어린이어깨동무

1 평양의대 어린이어깨동무소아병동 2 어린이어깨동무남포소아병원 / 어린이어깨동무

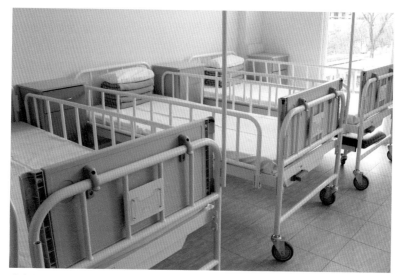

평양의대 어린이어깨동무소아병동 입원실 / 어린이어깨동무

지하층은 창고, 1층은 소아과 진료실, 2층은 생화학 검사실, 3층은 연구실 및 교육자료실로 구성됐으며 병원과 콩우유 공장을 연결하는 구조로 계획했다. 2층으로 휠체어나 침대의 이동을 위한 엘리베이터를 설치했으며 정전을 고려해 별도의 경사로도 계획했다. 병원 건축을 위해 어린이어깨동무는 모금을 진행했는데 삼성, LG, 한화 등 대기업에서도 참여했다.

2002년 11월부터 남측에서 건축자재 지원을 시작했고, 시공은 북한 '어린이영양관리소'에서 담당했다. 북한은 남한 건축자재 사용에 익숙하지 않으므로 남한 기술자가 방북해 지도하기도 했다. 2003년에는 사스(SARS) 때문에 지원이 일시 중단됐다가 2003년 11월 골조 공사가 완료됐다. 2004년 마감 공사 및 의료장비 설치를 하고 2004년 6월 17일

병원 준공식을 열었다.

어린이어깨동무병원은 2003년 8월 준공된 류경정주영체육관에 이어 두 번째로 남측 민간에서 평양에 건축한 건물이고, 병원으로는 최초였다. 2000년대 초반까지 북한의 건축 기술에 대해 남측에 알려진 것이 많지 않았다. 북한의 건축설계와 기술이 일정 수준 이상일 것이라고 주장하는 사람들도 있었으나, 생각보다 더 열악하다는 것을 알게 된 계기가 됐다.

평양의과대학 어린이어깨동무소아병동

평양의과대학 어린이어깨동무소아병동은 2004년 북한에서 어린이어깨동무에 적십자병원을 일부 개축해 건립해 줄 것을 요청한 것이 계기가 됐다. 그러나 어린이어깨동무는 모금으로 운영되는 민간단체이므로 대규모 프로젝트를 추가로 추진하기에는 어려움이 있었다.

어린이어깨동무는 어린이병원 준공 후 1년간 병원 운영 지원과 모니터링을 했다. 어린이병원 운영이 어느 정도 안정되기 시작하자 향후 보건의료 협력사업 방향을 '산모와 영유아로 수혜 대상 확대', '평양 이외 지역 진출'로 설정했다. 2005년 7월 북한은 어린이어깨동무에 어린이의료센터 설립을 제안했으며 2005년 11월 어린이어깨동무는 평양의대 내에 모자보건센터 건립을 제안했다.

평양의대 측은 산과는 평양산원이 담당하므로 평양의대 내 모자보건센터 건립은 불가능하다며 소아과병원 신축을 요청했다. 방문단은 어린이병원 신축이 아닌 소아과병원의 개·보수는 검토가 가능하다고 답변하고 평양의대 내 소아과를 참관했다. 소아과병동은 기숙사로 사용하

북한의 건축 사람을 잇다

던 건물을 개·보수해 사용하고 있었는데 환경이 대단히 열악했다.

어린이어깨동무와 서울대병원 의료진으로 구성된 방문단은 소아과 병동 신축의 필요성을 인식했다. 귀국 후 건축위원회와 소아병동 설립 위원회(서울대 어린이병원 의료인 중심)를 구성했다. 2006년 3월 6일 어린이어깨동무, 서울대 어린이병원과 북한의 민화협은 평양의대 소아 병동 건립에 합의했다. 어린이어깨동무와 서울대 어린이병원이 당초 계획했던 의료 협력 방향과 다르게 평양의대 소아병동 신축을 추진하기로 한 것은 병원 단계별 연계 치료 시스템 구축을 지원하고 북한 의료 인력 을 양성하기 위해서였다.

평양의대병원은 북한의 중앙급 의료기관으로 하급 단계 의료기관 (리 단위 병원, 군 단위 병원 등)에서 치료하기 어려운 질환을 치료해야

평양어린이식료품공장 내에 있는 콩우유 공장 / 어린이어깨동무

하지만 시설이 열악해 기능을 하지 못하고 있었다. 또 평양의대의 소아과 의료 인력 양성을 위해서도 소아병동이 필요하다고 판단했다.

평양의대는 평양의 중심인 중구역에 있다. 김일성광장에서 멀지 않고 평양 지하철 봉화역과 당 창건 사적관(과거 노동당사로 쓰인 건물), 번화가인 창광거리에 인접해 있다. 평양의 중심가에 있어 소아병동이 신축되는 경우 상징성이 있다. 소아병동의 신축 부지 선정과 관련해 북측과 이견이 있었다. 2005년 7월 소아과 참관 시 북측은 평양의대 정문과 떨어진 장소를 신축 부지로 제시했고, 남측은 정문에서 멀어 응급환자 이송에 효율성이 떨어지고 햇빛도 잘 들지 않으므로 정문에서 인접한 공원에 건립할 것을 제안했다. 북측은 남측이 제안한 장소에 대해 처음에는 동의하지 않았으나, 여러 번의 협의를 거쳐 정문에서 가까운 남측이 제안한 곳으로 부지를 확정했다. 설계는 이상준 건축사(엘레멘타 건축사사무소)가 2006년 3월 착수했다.

남북 협력으로 건설된 소아병동

건물은 지하 1층, 지상 5층으로 연면적 3967㎡(약 1200평), 220병상 규모였다. 구조는 철골 구조였다. 남북 건설 협력사업 중 철골 구조로 건설된 것은 많지 않았으나 공기, 시공성, 구조적 안정성 등을 고려해 철골 구조로 건립됐다. 2006년 6월 북측과 신축을 위한 역할 분담에 합의했다. 북측은 부지, 건설 인력, 모래 및 혼석, 장비 임대, 변전소에서 소아병동까지의 전기 공사 등을 맡기로 했으며, 남측은 신축을 위한 모든 건설자재와 전문 인력을 지원하는 것으로 합의했다. 북측에서는 소아병동에 집중치료실(중환자실) 설치를 요구했으나 어린이어깨동무가 감당하기

어렵다는 의사를 전달해 집중치료실 설치는 제외했다.

2006년 6월 14일 착공식을 했다. 7월 세부 설계안을 협의했고 8월 터파기 공사를 시작했다. 건설 공사 시 평양에서 일부 자재를 직접 생산하기도 했다. 벽돌을 남측이나 중국에서 반입하는 경우 운송비가 제작비보다 높아지는 문제가 있어 남측에서 벽돌틀과 시멘트를 제공하고 평양에서 직접 제작해 시공했다. 창틀은 한화에서 원자재를 제공하고 남측 기술자가 지도 감독 형식으로 기술이전을 한 후 평양 건재 공장에서 제작해 시공하기로 했다. 한화그룹 창업주인 김종희 회장은 일제강점기 원산상업고등학교를 졸업했으므로 원산에 대한 애정이 있어 어린이어깨동무 사업에 많은 지원을 했다고 한다. 건설자재 일부를 북한에서 생산해 공사비 절감이 가능했다. 북한에 기술이전 효과도 있었다.

처음에는 평양의대 직원들이 일부 공사를 진행했다. 하지만 기술이 부족하고 능률이 떨어져 공기가 지연되는 문제가 발생해 평양시 건설사업소와 대외건설사업소에서 시공을 담당했다. 인도적 지원사업을 위한 건물 공사 시 인건비를 남측에서 지원하는 경우도 있으나 평양의대 소아병동 공사 인건비는 남측에서 별도로 지급하지 않았다.

공사 중 북한에서 병원에 추가 시설 설치와 지원을 요청했다. 북한은 병동 앞 포장을 위한 자재(아스팔트 피치), 시체처리구 설치, 조리시설 지원 등을 추가로 요청했다. 어린이어깨동무는 협의를 통해 가능한 부분은 지원했다. 어린이어깨동무는 병원 운영을 위해 수액 생산설비와 이동 진료차량이 필요하다고 판단하고 북측과 협의해 추가로 지원하기도 했다.

2008년 9월 건물 공사가 대부분 마무리됐다. 의료장비를 설치하고 작동 교육을 했다. 2008년 10월 준공식이 진행됐다. 준공식에는 전세기로 어린이어깨동무 관계자를 포함한 많은 사람이 참여했다. 특히 남측 어린이들이 준공식에 참여한 것은 남북 어린이 교류 차원에서 의미가 있는 일이었다.

공사비, 의료장비 및 각종 비품 지원 금액은 약 50억 원에 달했다. 남측에서 지원한 공사비를 40억 원으로 추정하면 평당 공사비는 약 330만 원으로 여타 병원 공사와 비교하면 적게 들어갔다. 벽돌, 창호 등을 현지에서 생산한 것과 준공 전 고압전류를 인입해 공사를 원활히 한 것이 공사비 절감에 도움이 됐다고 생각된다.

북한의 건축 사람을 잇다

어린이어깨동무를 통해 2004년부터 2008년까지 4차례 평양에서 진행된
남북어린이들의 만남 / 어린이어깨동무

평양의대 소아병동은 외벽이 폴리카보네이트로 마감돼 독특한 외관을 형성하고 장소적 상징성을 잘 표현하고 있다. 건물 형태가 직사각형이므로 독특한 외벽 재료 사용에도 불구하고 주변에 이질감을 주지 않고 조화를 이루고 있다. 또한 건물에 중정(아트리움)을 두어 채광, 소음 등에 유리하도록 계획했다. 북측은 에너지 사정이 좋지 않으므로 채광은 조명과 난방을 고려한 계획에 중요한 요소 중 하나다. 평양의대 소아병동은 장소성, 조형성, 남북 협력 방식 등을 고려했을 때 북측에 지원한 건물 중 건축적으로 의미 있는 대표적인 건축물 중 하나로 꼽을 수 있다.

어린이어깨동무는 평양의대 소아병동을 건축하면서 개성, 남포, 원산 등 직할시와 도청이 있는 도시의 어린이병원 11곳을 현대화하는 일을 구상했다. 2007년 겨울 어린이어깨동무는 남포시 소아병원을 둘러봤

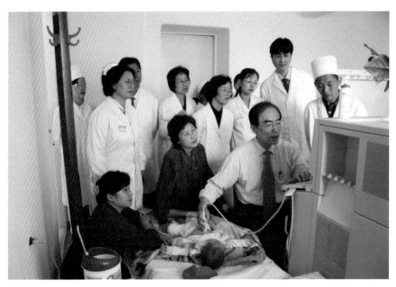

남측 의료진의 북측 어린이 진료 / 어린이어깨동무

북한의 건축 사람을 잇다

다. 남포시 소아병원은 와우도구역 룡수동에 있었으며 외래병동과 입원병동으로 나뉘어 있었다. 입원병동이 열악하므로 4층으로 신축하기로 합의하고 2008년 4월 공사를 시작했다. 그러나 2008년 7월 금강산 관광객 피격 사건과 2009년 북한의 2차 핵실험으로 공사는 중단됐다.

지속성·연계성이 필요한 북한 어린이 보건의료 지원

어린이어깨동무의 북한 지원사업은 일회성이나 이벤트성이 아닌 사업의 지속성과 연계성이 특징이다. 1998년 북한에 지원사업을 시작한 이후 평양어린이어깨동무병원, 콩우유 공장, 유치원 및 학교 개선 공사 등 지원사업을 하면서 단순히 시설 건립으로 끝나는 것이 아니라 준공 후 시설이 정상적으로 운영되도록 지원을 지속했다. 지원 범위도 꾸준히 확장했다.

콩우유 공장을 운영하기 위해 콩우유 원료를 계속 공급했다. 원산 등 지방에 콩우유 공장을 건설하고 영유아 시설이나 학교 지원을 연계하기도 했다. 보건의료와 관련해서는 병원 운영을 위한 약품, 의료도구, 소모품과 장비 등을 지속적으로 지원했을 뿐만 아니라 남북 의료인 교류와 북한 의사에 대한 교육도 시행했다.

남북관계는 남북만이 아니라 국제 정세의 영향을 배제할 수 없다. 이에 따라 관계 개선에 어려움을 겪고 있으나 남북의 지정학적인 위치, 남한 경제의 재도약을 위해서는 남북 교류와 협력은 불가피하다. 남북 교류와 협력이 재개되는 경우 개별적·분산적으로 추진되고 있는 의료보건 협력을 체계적으로 구축하는 작업이 필요하다.

11 | 남북 불교와 문화유산
사반세기 교류

남북 전문가가 협의하며 교류한 유일한 사례,
금강산 신계사 복원

촬영한 복원된 신계사(2019) / 이태호

북한의 건축 사람을 잇다

금강산 4대 사찰로 유점사, 신계사, 장안사, 표훈사가 꼽힌다. 이 중 표훈사를 제외하고는 한국전쟁 때 폭격으로 모두 파괴됐다. 신계사는 강원도 고성군 신복면 창대리 금강산에 있는 사찰이다. <금강산 신계사 사적>에 의하면 신계사는 신라 법흥왕 5년(519)에 보운 스님에 의해 창건됐다.

영조(1757년경) 때 간행된 <여지도서>에 따르면 당시 신계사는 11개의 전각을 거느린 큰 절이었다. 조선 말인 고종 때도 영산전, 첨성각을

북한 금강산 문필봉 아래 복원한 신계사 그림 / 이태호

건립했고 적묵당, 유리전 등을 중수했다. 일제강점기인 1914년에는 대
향각을 중건했으며 1919년에는 최승전을 건립했다. 신계사는 1920년대
에 대웅전 앞에 3층석탑이 있고 동쪽에는 칠성각, 대향각, 극락전이, 서
쪽에는 나한전, 어실각이 배치됐다. 남쪽에 만세루가, 만세루 좌우에 향
로전과 최승전 그리고 부속건물이 있었다.

1922년 12월에 화재로 용화전이 불타는 등 여러 차례 화재가 있었다.

1945년경에는 반야보전, 나한전, 칠성각 등의 전각과 반야보전 앞에 석탑 1기만 남아 있는 상태였다. 한국전쟁 당시 폭격으로 신계사는 모두 소실됐으며 3층석탑만이 남게 됐다.

신계사의 대웅전은 다포계 팔작지붕 건물로 유점사 능인보전과 함께 북한의 조선 시대 말기 사찰건축을 대표하는 건축물이었다. 신계사 3층석탑은 통일신라 시대의 탑으로 북한에서 문화재로 지정됐다. 금강산의 정양사 3층탑, 장연사 3층탑과 함께 '금강산의 세 옛탑'으로 불린다. 신계사는 근현대의 고승을 배출한 사찰로도 유명하다. 조계종의 통합종단 초대 종정을 지낸 효봉 스님, 탄허 스님 등을 길러낸 한암 스님 등이 신계사에서 배출한 스님들이다.

신계사 복원과 금강산국제그룹

신계사 복원은 1998년 3월 남측의 불교단체인 조국평화통일불교협회(평불협)와 북측의 조선아시아태평양평화위원회(아태), 금강산국제그룹이 신계사 복원 합의서에 서명함으로써 알려지게 됐다. 금강산국제그룹은 통일교와 관련된 기업으로 알려져 있다. 금강산국제그룹은 박경윤 회장이 1988년 북한을 방문해 북한 관광사업을 논의하면서 시작됐다. 박경윤 회장은 새나라자동차(현 GM KOREA)를 세운 재일교포 사업가 박노정 회장의 부인이다. 1991년 통일교 문선명 총재가 평양을 방문해 금강산 관광을 논의했고, 금강산 개발을 위해 금강산국제그룹을 설립하게 됐다고 한다.

박경윤 회장의 2012년 4월 1일 인터뷰를 보면 이미 1988년부터 금강산 개발에 관심이 있었다. 1992년 홍콩의 세계적인 개발전문회사에 용역을 맡겨 금강산 개발계획서와 타당성조사보고서를 1994년 완성하고 통일교 세계평화연합 박보희 회장과 김일성 주석을 면담한 뒤 개발계획을 비준받았다고 한다.

금강산 개발은 원산에서 휴전선까지 북한 동해안의 3분의 1을 개발하는 대규모 프로젝트였다. 공항, 철도, 항구 등 인프라 구축도 필요해 한 회사가 개발할 수는 없어 박경윤 회장은 여러 투자자를 유치하는 코

붉은 가사를 입은 북측 스님과 함께한 신계사 남북 합동 법회 / 조계종, 민족공동체 추진본부

디네이터 역할을 하려고 했다. 특히 남측 기업의 투자를 기대했다. 금강
산 개발은 초기에는 금강산을 개발하고 점차 원산으로 확대해 무비자로
입국하고 외환 규제가 없는 금강산자유무역지구를 만드는 대규모 계획
을 수립했다. 하지만 1994년 7월 김일성 주석이 사망하면서 속도를 내
지 못했다. 1998년 김정일 위원장은 금강산 개발사업을 현대그룹에 넘
겨줬다. 박경윤 회장은 금강산 개발이 현대에 넘어간 경위에 대해 지금
은 밝힐 수 없고 추후에 밝히겠다고 했다.

신계사 전경 / 현대아산

마지막 모습 그대로 복원

1998년 초까지만 해도 금강산 개발의 주체가 현대그룹으로 명확히 넘어
가지 않은 시점이었으므로 북한 당국은 신계사 복원을 금강산국제그룹
에 맡겼던 것으로 보인다. 복원을 위해 북한에서 중요 건축물의 대부분
을 설계하는 백두산건축연구원에서 복원설계도를 작성했다고 한다. 신
계사 복원 불사 백서에 따르면 1998년 합의서를 체결했지만, 신계사 복
원은 시행 능력의 문제, 대표성의 문제 그리고 통일부의 협력사업 승인
유보로 사업 추진이 어렵게 됐다. 2000년 2월 아태는 금강산 관광사업

북한의 건축 사람을 잇다

자인 현대아산에 신계사 복원을 요청했다. 현대아산은 복원을 위해 한 국불교종단협의회를 거쳐 조계종에 복원을 제안했다. 현대아산은 백두 산건축연구원의 복원설계도 등을 검토하기도 했지만, 국내의 문화재 복 원 방식을 따르는 것이 합리적이라는 조계종의 의견에 따르기로 했다.

현대의 제안을 받은 조계종은 10인 위원회(조계종 3인, 현대 3인, 전 문가 4인)를 구성해 한 차례 회의를 했다. 6월 7일 북한에서 합의서 초안 을 현대를 통해 조계종에 전달했고, 초안 검토 과정에서 복원 방안을 구 체화하게 됐다. 2000년 6·15 남북정상회담이 열리면서 신계사 복원을 본격적으로 추진하게 됐다.

2001년 11월 신계사 지표 조사를 진행하면서 복원 불사를 위한 분위 기를 조성해 나갔다. 남북은 복원 방식에 대해 여러 차례 협의를 진행했

일제강점기 시절의 신계사 대웅전 / 국립중앙박물관

지만 인식차가 커서 합의에 상당한 시간이 걸렸다. 2003년 1월 조계종 총무원장 정대 스님과 조선불교도연맹(조불련) 박태화 위원장이 복원 의향 합의서를 작성했다. 7월에는 조계종이 현대와 복원 관련 합의서를 작성했다. 2004년 1월 조계종과 현대가 복원 실행 합의서를 작성했다. 3월에는 조계종과 조불련이 실행 합의서를 작성해 본격적인 복원 불사가 시작됐다. 복원 불사는 2004년부터 2007년까지 4년간으로 하고, 우선 발굴 조사를 통해 사찰의 복원 방법을 정하고 전통 방식으로 복원을 추진했다. 신계사 복원을 위한 도감(감독)으로 제정 스님을 파견해 북한

북한 금강산 문필봉 아래 신계사 터(1998) / 이태호

북한의 건축 사람을 잇다

땅에 최초로 남측 스님이 상주했다.

복원은 남측에서는 조계종과 현대아산이 공동으로 추진했고, 북측에서는 조불련, 조선중앙역사박물관, 문화보존지도국, 조선문화보존사, 평양건설대학이 결합해 사업을 추진했다. 조계종은 신계사 복원을 위해 신계사복원추진위원회를 구성하고 별도의 사무국을 두어 복원사업을 총괄하게 했다. 신계사는 2007년 10월 13일 복원을 마무리하고 준공식을 진행했다.

신계사는 금강산의 4대 사찰로 유서가 깊은 사찰이므로 문화재 복원 차원에서 진행해야 했다. 그러나 복원에 대해 남측과 북측의 의견차가 커 복원 원칙 합의에 어려움이 있었다.

남측은 '우리 손으로 지은 마지막 모습', 즉 조선 말기의 사찰 형태로 복원할 것을 주장했다. 이를 위해서는 상당한 시간이 소요되므로 남측에서는 복원 기간을 6년으로 제시했다. 그러나 북측은 주춧돌 등이 지표 상에 노출돼 있으므로 건물의 위치와 규모는 발굴 조사 없이 확인할 수 있다고 주장했다. 따라서 발굴 조사는 필요 없고 설계 및 복원 기간에 2년이면 충분하다고 했다.

여러 차례의 협의를 거쳐 △발굴 조사를 통해 유구 확인을 전제로 설계를 하되 설계는 남측이 하고 설계안 검토는 남북이 공동으로 한다 △복원 형태는 조선 말의 모습으로 한다 △공사의 중요한 결정은 남북이 공동으로 하고 발굴 조사도 공동으로 하며 남북이 감독을 현장에 상주시킨다 △대부분의 공사는 남측이 하고 북측은 안전과 공사에 필요한 보조 인력만 지원한다는 내용을 합의했다.

1990년대부터 남북 문화유산 교류가 이루어져 왔으나, 북한 지역 문화재에 대한 발굴 조사는 금강산 신계사가 최초였다. 2001년 11월 지표 조사를 시작했으며 2003년 11월 1차 발굴 조사 후 2007년까지 총 6차례 남북 공동 발굴 조사가 이루어졌다. 발굴 조사는 알려지지 않았던 조선 중기의 일부 건물 배치를 확인하는 등 많은 성과가 있었다. 하지만 유구(옛날 토목 건축의 주조와 양식을 알 수 있는 실마리가 되는 자취)가 교란돼 건물의 위치를 확인하기 어려운 경우도 있었다.

국내산 금강송으로 복원한 신계사

2003년 12월 대웅전 복원설계 용역을 발주했다. 설계는 조선건축사사무소(소장 윤대길)가 맡고 공사감리도 수행했다. 설계는 단계별로 발주했다. 2005년에는 만세루, 최승전, 산신각을, 2006년에는 석축, 수숭전, 어실각, 어실각문, 대향각, 종각, 해우소 등의 복원설계를 발주했다.

문화재급 사찰 복원을 위해 목수는 인간문화재이거나 그에 준하면서 불교 신앙에 충실한 목수를 추천받아 선정하기로 했다. 국가중요무형문화재 3인, 경기도 지정 무형문화재 1인, 신계사복원추진위원회 추천 1인 등 5인이 추천됐다. 도목수의 실적, 완공한 건물의 실사 등을 통해 중요무형문화재는 아니지만 사찰 불사 경험이 많고 불심이 깊은 최현규 대목수를 선정했다.

최현규 대목수는 10대 후반부터 목수 일을 시작했다. 이정무 스님(경기 안성 석남사 회주)을 만나면서 불교 건축물 건립에 본격적으로 참여했다. 2004년까지 60여 채의 전각을 짓는 데 참여하고 여주 신륵사 심검당 중창 등 30여 건을 직접 감독했다. 최현규 대목수는 신계사가 다

북한 금강산 신계사 터에 있는 3층석탑 / 이태호

복원된 신계사와 3층석탑(2019) / 이태호

른 사찰 복원과 크게 다르지 않으나, 처마의 하중을 지탱해 주는 대웅전
의 공포(拱包)가 외 9포, 내 13포로 일반적인 공포(외 7포, 내 11포)보다
커서 많은 신경을 썼다고 말했다.

　궁궐이나 사찰 건립에 사용되는 목재는 금강송을 최고로 친다. 금강
송은 소나무의 품종을 말하기도 하지만 금강산에서 자라는 소나무를 말
하기도 한다. 신계사에 사용된 목재는 대부분 국내산 금강송이고, 일부
큰 부재가 필요한 부분에는 러시아 목재가 사용되기도 했다.

　복원 공사는 목재를 여주 공방에서 치목(목재 재단)을 하고 육로로
운송해 현장에서 시공했다. 복원을 위한 대부분 자재는 남측의 자재를

　　　　　　　　　　　　　　　　　　　　　북한의 건축 사람을 잇다

사용했다. 인력도 보조 인력을 제외하고는 남측 인력이 시공했다. 신계사의 단청 작업은 2006년 4월부터 시작했다. 신계사 단청 작업은 구조물 복원과는 달리 남북이 협력해 진행했다. 단청 작업도 문화재 복원과 동일하게 '당시 모습 그대로 복원' 원칙을 적용했다. 남북한의 단청복원 단장들은 문양 선정, 세부적인 공정까지 토의와 합의를 통해 통일된 안을 만들어 실무에 반영했다.

단청 작업에 북측 기술자들이 대거 참여하면서 남북의 단청에 대한 교류가 이루어졌으며 서로에 대한 이해를 넓힐 수 있었다. 북한의 단청 화원들은 전통기법을 그대로 계승하고 있다는 것을 알 수 있었다. 단청 복원은 1887년에 신계사를 촬영한 사진이 남아 있는 <조선고적도보>를 참조했다. 자료가 없는 부분은 정양사, 표훈사, 석왕사 등의 사례를 참조했다. 단청 작업에는 남측에서 김준웅(충남 무형문화재 단청장 제33호) 등 10여 명이, 북측에서 조선문화보존사 김수용 단청실장 등 20여 명이 참여했다. 불상은 사진 자료 등을 토대로 제작했으며 문화재청 조각기능장 문용대 선생이 담당했다. 불상은 목불과 청동불로 제작됐다. 복원 공사는 2004년 4월 6일 착공해 2007년 10월 13일 낙성식을 했다. 복원 공사에 약 3년 6개월이 걸렸다.

복원 공사를 위한 재원은 모금과 남북협력기금으로 마련했다. 전체적으로 80억 원 정도가 든 것으로 알려져 있다. 건물 낙성식 후 신계사 복원과 관련된 학술 행사를 진행하고 신계사에서 법회를 여는 등 활발한 활동을 했으나 2008년 7월 금강산에서 관광객이 피격된 후 금강산 관광이 중단되면서 신계사에서의 일반 행사는 열리지 못하게 됐다.

금강산 신계사 복원 남북 공동 낙성식(2006. 11) / 현대아산

불교 교류는 복합 교류로

신계사 복원사업은 1990년대부터 이루어진 남북 불교와 문화유산 교류에서 큰 의미를 가진다. 북한 지역에서 많은 건축 공사가 진행됐지만 남북 전문가가 수년간 협의를 하면서 프로젝트를 진행한 유일한 사례로 볼 수 있다. 이는 북한의 문화유산 정책을 이해할 수 있는 기회가 됐다. 발굴 조사 등 문화유산 연구 방법을 북한에 전수하고 교류를 확대하는 계기도 됐다.

그러나 문화유산 복원 시 남측에서 자료 조사, 실측, 설계, 재료 확보,

치목과 시공을 담당하는 경우 비용이 비싸지고 기간도 오래 걸리는 등 여러 문제점이 있다. 북한이 복원을 위한 설계, 시공을 주도하는 경우 완전한 고증이 어렵고 경험과 기술이 부족한 문제가 있으므로 남북이 협력해 적절한 방안을 찾을 필요가 있다.

향후 불교 교류는 우선 북한이 필요로 하는 부분을 위주로 시작하되, 공동으로 추진하는 사업의 범위를 넓히고 지역도 북한의 지방으로 확대할 필요가 있다. 그리고 불교 교류 시 단순한 종교적 차원이 아닌 의료, 교육, 영유아 지원 등 다양한 분야가 복합된 교류를 추진하는 것이 바람직하다.

12 | 남북과 교포가 손잡고 만든 북한 최초의 사립대학교

남북관계 악화 속에서도 2009년 준공된 평양과학기술대학교

평양과기대 제1기생 졸업식 / 평양과기대

평양과학기술대학교(평양과기대, PUST·Pyongyang University of Science and Technology)는 남한과 북한 그리고 해외교포가 힘을 합쳐 평양에 건설한 북한 최초의 사립대학교이다. 준공식은 2009년 9월 조용하게 치러졌는데 2007년과 같은 남북관계였다면 아마도 텔레비전 생중계가 됐을 것이다. 평양과기대는 어려움 속에서도 많은 사람의 헌신적인 노력으로 현재까지 운영되고 있다.

김정일 위원장이 군부대 옮기고 부지 확정

평양과기대는 옌볜과학기술대학교(옌볜과기대)의 설립과 연계된다. 옌볜과기대는 미국 뉴요커 주식회사 대표인 김진경 박사가 중국 사회과학원 초빙교수로 1986년 중국을 방문하면서 시작됐다. 김진경 박사는 지린성 주변에 거주하는 조선족 청년들의 지위 향상을 위해 과학기술대학교 설립을 추진했다. 1989년 2월 김진경 박사와 옌지시 정부는 '중국옌볜조선족 기술전문대학' 설립에 관한 협정을 체결했다. 1993년 정식 개교했으며 김진경 박사가 총장을 맡았다. 옌볜과기대는 중국 최초의 사립대학이며 외국인투자대학(중외합작대학)이었다.

1993년 김일성 주석은 김진경 총장을 평양으로 초청했다. 김진경 총장은 이미 1987년 북한을 방문한 적이 있었으며 의약품 지원 등을 통한 북한 지원을 계속하고 있었다. 김일성 주석은 북한에 옌볜과기대 같은 대학을 설립해 달라고 요청했고, 김진경 총장은 북한이 경제특구로 지

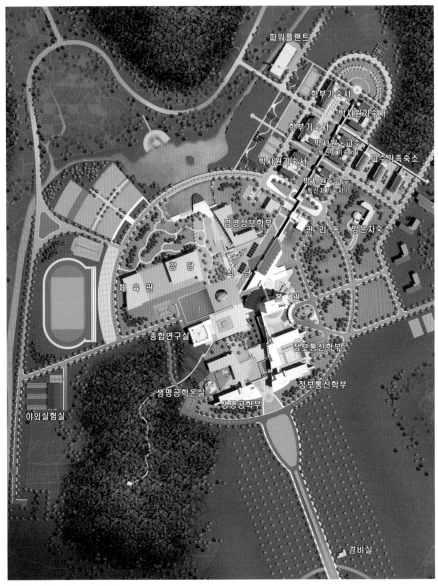

파워플랜트

학부기숙사

박사원기숙사

학부기숙사

박사원+교수
(독신자기숙사)

교수가족숙소

박사원기숙사

박사원+교수
(독신자기숙사)

경영정보학부

관리동 방문자숙소

강당

식당

체육관

본관

종합연구실

정보통신학부

생명공학온실

정보통신학부

야외실험실

생명공학부

경비실

평양과기대 조감도 / 정림건축

평양과기대 본관 투시도 / 정림건축

평양과기대 공사 현장 / 평양과기대

정해 개발을 추진하고 있던 라진·선봉 지역이면 가능하다고 답변했다. 당시 남북정상회담을 추진하던 김영삼 정부도 북한과 과학기술대학교 설립에 동의했으며 정상회담 의제로 포함시켰다. 그러나 1994년 7월 김일성 주석이 사망하면서 사업을 추진할 수 없었다.

이후 2001년 김정일 위원장은 중국 상하이를 방문했다. 당시 김정일 위원장을 영접하는 자리에 중국 장더장 상무위원도 있었다. 장더장 상무위원은 옌볜대학교 조선어과를 졸업하고 김일성대학교에 유학해 조선말에 유창한

건물과 건물 사이를
통로로 연결한
평양과기대 전경
/ 평양과기대

평양과기대 준공식 / 평양과기대

사람으로 옌볜과기대 개교 시 지린성 당서기였다. 장더장 상무위원은 김정일 위원장 일행에게 김진경 총장이 옌볜과기대를 세워 중국 정부에 협조했던 사례를 들면서 "김진경 총장을 활용하라"고 조언했다고 한다.

김정일 위원장이 장더장 상무위원의 조언을 받아들여 김진경 총장을 평양으로 초청하며 과학기술대학교 추진이 다시 시작됐다. 2001년 3월 김진경 총장은 곽선희 목사(동북아교육문화협력재단 이사장)와 함께 평양을 방문했고, 평양에 과학기술대학을 설립해 줄 것을 요청받았다. 2001년 5월 동북아교육문화협력재단과 북한 교육성은 평양과기대

건립 계약을 체결했다. 대학 건립 계약서에는 북한이 대학 건설에 필요한 땅과 노동 인력을 제공하고, 재단은 설비 자재와 초빙교수, 대학 운영 자금, 교직원 생활비, 지식산업복합단지 조성 등을 맡도록 돼 있었다. 대학 운영은 개교일로부터 50년간 남북이 공동으로 하되 합의에 따라 그 기간을 연장할 수 있도록 했으며, 부지 100만㎡(33만 평), 연면적 8만 9000㎡(2만 7000평) 규모에 학부와 박사원(대학원)을 두기로 했다.

우여곡절 끝 합의 8년 만에 준공

김진경 총장은 통일부에 북한의 요청을 설명한 뒤 남북 교류·협력사업 승인을 신청했고, 최덕인 카이스트 원장 등 학자 및 대학 관계자들에게 도움을 요청했다. 평양과기대는 카이스트의 커리큘럼을 바탕으로 학사

평양과기대 대학원 기숙사 / 평양과기대

북한의 건축 사람을 잇다

2021년 현재 평양과기대 위성사진 / 필자 제공

및 석·박사 과정을 만들고 산학 협력 체계를 구축해 창업도 지원할 예정
이었다. 건립 투자 규모는 약 400억 원으로 추정됐다. 2006년에는 남북
협력기금에서 10억 원을 지원받기도 했다.

동북아재단은 이승율 당시 옌벤과기대 대외부총장을 평양과기대 건
설위원장으로 선임했고 마스터플랜과 설계는 정림건축종합건축사사무
소(정림건축)에서 맡았다. 정림건축은 2001년 평양과기대 설계팀을 조
직했으며, 방북해 교육성 관계자와 부지 선정을 협의했다.

교육성이 제시한 부지는 4곳이었다. 부지를 직접 답사해 대동강 남
쪽의 낙랑구역 승리동에 있는 부지를 선정했다. 이 부지를 선정한 이유
는 대동강 남쪽에 인접한 곳으로 평양~개성 고속도로와 평양~원산 고속

평양과기대 게스트하우스 / 평양과기대

도로에 가까우며, 부지 주변에 동평양 화력발전소 등 중요 시설이 있었기 때문이다. 그러나 이곳에 군부대가 있어 북한 관계자가 난색을 표하자 김정일 위원장이 직접 부지를 승인해 군부대를 이전하고 부지로 확정하게 됐다.

부지가 정해진 후 정림건축은 초기에 스케치했던 마스터플랜을 기초로 1년여에 걸쳐 현장 조사 및 설계를 진행했다. 대학 정문에서 평양~원산 고속도로 인터체인지를 연결할 수 있도록 진입도로를 계획했으며, 캠퍼스 내에는 원형의 순환도로를 만들고 도로를 따라 건물들이 동심원으로 배치되도록 했다. 외곽에는 교수 기숙사, 박사원 및 학부 학생 기숙사와 편의시설을 계획해 자연스럽게 학생과 교수가 마주칠 수 있도록 했다.

북한의 건축 사람을 잇다

강의동 및 기숙사 건물들은 모두 통로로 연결되도록 계획했다. 이 부분은 옌볜과기대의 사례를 참조한 것이었다. 옌볜은 겨울에 기온이 영하 20~30도까지 내려가 넓은 캠퍼스에서 이동이 힘들어 옌볜과기대 건물들은 통로로 연결됐다. 연결통로 공사비가 전체 공사비의 15%를 차지할 정도로 컸지만 학생들의 편의를 위해 설치했다. 이 연결통로는 단순히 이동하거나 추위를 막는 공간이 아닌 조선족 문화를 전시하고 교수, 학생 그리고 방문객 간의 만남이 이루어지는 소통의 장이 됐다.

건축설계에서 가장 공들인 부분은 대학본부다. 대학본부는 16층으로 교수연구실, 행정실 등이 있는 중심 건물이므로 여러 디자인이 검토됐는데, 상징성이 있으면서 효율적인 디자인으로 결정됐다. 종합연구소, 정보통신공학동, 생명공학동 등은 첨단 자재나 최신 공법을 사용하

평양과기대 수업 모습 / 평양과기대

면 유지 관리가 어렵기 때문에 외장재로는 벽돌과 석재를 사용했다. 박사원 기숙사는 2인 1실로, 학부생 기숙사는 4인 1실로 계획했다. 교수생활관은 아파트 형식과 단신 부임교수를 고려해 1인실로 같이 계획했다. 그리고 방문자용 숙소(게스트하우스)도 마련했다. 식당은 숙소에서 편리하게 접근할 수 있는 위치에 배치했다.

2003년 공사가 착공됐지만 많은 어려움이 있었다. 김정일 위원장이 승인했음에도 북한 관계자 일부는 한동안 반대를 했다. 공사업체로 선정된 중국 건설회사의 입국을 북한이 막아 공사가 지연되기도 했다. 또한 한국이나 해외에서 후원하던 지원금이 남북관계 악화 및 경제난 등의 이유로 많이 줄어 재정난을 겪었다. 이런 어려움으로 당초 2005년 준

북한의 건축 사람을 잇다

공 예정이었던 공사는 약 4년이 지연된 2009년 준공될 수 있었다.

공사에는 북한의 19~25세 남녀로 구성된 800여 명의 청년돌격대가 참여했다. 북한은 중학교(남한의 고등학교)를 졸업한 후 군대 대신 청년 돌격대를 자원하기도 한다. 돌격대에서 성과를 거두면 대학 입학, 노동당 입당 등 혜택이 주어지기 때문이다. 전국 각지에서 모인 청년들이므로 현장 내에 막사를 설치하고 생활을 했다. 건설 공사 경험이 거의 없어 일을 가르치면서 작업을 해야 했다. 조선족 기술자들이 벽돌 쌓는 법, 콘크리트 거푸집을 설치하는 기술을 하나씩 가르치면서 일을 시켰다. 돌격대와 작업을 하면서 많은 어려움이 있었다. 하지만 시간이 지나면서 청년들이 기술을 습득해 조선족 기술자들, 북한 관리자들과 건축회사를 만들자는 논의를 하기도 했다.

2008년 캠퍼스의 윤곽이 드러나기 시작했다. 1단계 공사인 행정 및 강의동, 종합생활관(식당·도서관 등), 복지관(의료실·사우나·이발소 등), 방문자 숙소, 교수 숙소, 대학원생 기숙사, 학부생 기숙사, R&D센터, 파워플랜트 등 총 17개 동의 건설 공사가 거의 마무리됐다. 평양과기대는 정보통신 인프라도 구축했다. 광케이블이 연결된 컴퓨터실이 있어 인터넷을 사용할 수 있었다. 도서관에는 수백만 건의 전자도서 및 논문을 열람할 수 있는 시스템을 구축했다. 그리고 행정 및 강의동에는 영상회의실, 컴퓨터강의실, 원격강의실이 마련돼 외국과 영상으로 학술 교류·협력을 할 수 있는 시스템도 구축했다.

13 | 북한 천덕리 주민들에
새 보금자리 선물

400채의 농촌 주택과 탁아소, 유치원,
진료소, 마을회관 등 건립

천덕리 농촌시범마을 학교 조감도 / 정림건축

북한의 건축 사람을 잇다

북한 지원사업은 정부가 주관하거나 대규모 사업인 경우 잘 알려져 있으나, 민간단체에서 추진한 인도적 지원사업은 많이 알려져 있지 않다. 그중에서도 천덕리 농촌시범마을 조성사업(천덕리 농촌 주거환경 개선사업)은 언론에 전혀 보도되지 않은 사업 중 하나다. 이 사업은 그동안 이뤄진 지원사업 중 북한 주민 생활과 가장 연관성이 높은 사업이다. 마을을 직접 조성했다는 점에서 도시계획이나 건축적 측면에서 큰 의미가 있으며, 향후 북한 주거 개선사업의 과제를 잘 보여 준다.

'남북나눔운동' 주도로 시작

남북 교류는 1988년 노태우 대통령의 북방정책(7·7 선언)에서 시작됐다. 북방정책은 사회주의 국가들과 수교 및 교역이 주요 내용이었으나 북한과의 관계 개선도 추진했다. 그러나 1990년대 초까지 남북 교류는 제한적이었다. 1991년 남북 유엔 동시 가입, 남북기본합의서 체결 등에도 불구하고 오랫동안 남북 대결로 인해 남한 국민의 북한에 대한 부정적 이미지가 여전했다. 북한도 남한과의 교류 확대를 경계했다.

남북 교류가 활성화되지 못하던 1990년대 초, 남북 교류는 기독교(개신교)를 중심으로 추진됐다. 기독교가 중심적인 역할을 할 수 있었던 몇 가지 배경이 있다. 일제강점기 평양은 '동방의 예루살렘'으로 불릴 정도로 신자가 많았는데 해방 당시 북한 지역 신자가 전체 신자의 3분의 2를 차지했다고 한다. 그러나 북한 정권 수립 후 탄압을 피해 많은 교회가

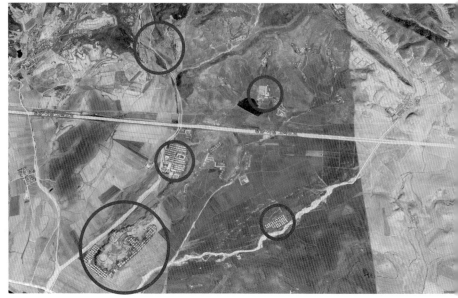

황해도 봉산군 천덕리 농촌시범마을의 위성사진(붉은색 원이 마을) / 필자 제공

남한으로 내려왔다. 이에 따라 북한 선교는 기독교계의 숙원이었다. 또한국 기독교는 사회적 약자 지원사업을 지속하고 있었고, 북한 지원을 위한 재원과 인력도 교회를 통해 마련할 수 있었다. 이러한 요인으로 기독교는 대북사업을 적극적으로 추진했다.

　천덕리 농촌시범마을 조성사업은 남북 교류 초창기에 가장 먼저 만들어진 단체 중 하나인 '남북나눔운동'(1993년 8월 설립)의 주도로 시작됐다. 남북나눔운동은 통일부에서 지정한 대북 지원단체 1호이기도 하다. 1980년 광주민주화운동을 계기로 한국 사회의 민주화가 민족 문제 해결 없이는 이루어질 수 없다는 인식이 퍼졌고, 1980년대부터 기독교 진보 진영은 통일운동을 본격화했다. 1989년에는 문익환 목사가 방북

북한의 건축 사람을 잇다

마을 전경 / 정림건축

하기도 했다. 반면 보수 기독교계는 북한 지역 선교에 관심은 있었으나 1980년대에는 북한과 교류를 본격적으로 추진하지 않고 있었다.

　　한국기독교교회협의회(NCCK)는 1992년 말 권호경 사무총장이 민간인 최초로 정부의 공식 승인을 받고 방북해 김일성 주석을 만나고 온

천덕리 농촌시범마을의 마을회관 / 남북나눔운동

후 남북나눔운동 추진을 결의했다. NCCK는 남북나눔운동을 보수와 진보 교단을 막론하고 기독교 49개 교단 모두가 참여하는 범교단 차원의 평화통일운동으로 진행하기로 했다. 오랜 기간 소원했던 보수와 진보두 진영이 다시 협력을 시작한 것은 남북나눔운동 창립이 계기가 됐다. 양 진영의 연합은 대북사업에 긍정적으로 작용했다. 진보 계열 교단은 대북사업 경험이 많았으나 재정적인 어려움이 있었다. 보수 교단은 재정적인 여력은 충분했으나 대북사업 경험이 없었다. 남북나눔운동은 진보와 보수 교단이 힘을 합쳐야 성공할 수 있었다.

남북나눔의 초대 사무총장은 홍정길 목사가 맡았다. 홍정길 목사는 1980년대부터 시각장애인 신학대학교 교수인 이재서 박사가 설립한 장애인 선교·복지단체 밀알선교단을 지원하는 등 장애인 복지사업을 해왔다. 남북나눔은 1994년 민간단체 최초로 북한에 쌀 60t을 지원했으며

북한의 건축 사람을 잇다

천덕리 농촌 시범마을의 탁아소 / 남북나눔운동

밀가루, 의류, 의약품 등의 지원사업을 시작했다. 1997년부터는 매년 수차례에 걸쳐 조선그리스도연맹을 통해 식료품, 의약품 등을 보냈으며, 이는 2011년까지 209차에 걸쳐 이뤄졌다. 그 외에도 민경련, 민화협을 통해 식량, 비료 등을 159차례 지원하고, 2007년부터는 함경북도 인민위원회를 통해 14차례의 어린이 지원사업도 했다.

22년간 1520억 원 규모 지원

남북나눔의 대표적인 북한 지원사업은 천덕리 농촌시범마을 조성사업이다. 2005년부터 2008년까지 400채의 농촌주택과 탁아소, 유치원, 진료소, 마을회관 편의시설을 건립했다. 농촌시범마을 조성사업은 그동안의 식량, 의약품 지원보다 한 단계 진화한 지원사업으로 단순한 주택 건설 지원이 아닌 용수 공급, 도로 조성, 식수 사업 등 그야말로 마을을 조

천덕리 농장 / 식량 나누기 운동(AGGLOBE Service International) 홈페이지

성하는 것이었다. 당초 천덕리 주민 살림집 800채를 건립하고 인근 구
연리까지 사업을 확대할 계획이었으나, 2010년 5·24 조치로 사업이 중
단됐다. 이후로도 소규모이지만 의류, 의약품, 수해 지원사업 등을 지속

　　　　　　　　　　　　　　북한의 건축 사람을 잇다

하고 있다. 남북나눔운동이 1993년부터 2015년까지 22년간 북한에 지원한 금액은 1520억 원에 달한다.

남북나눔운동은 북한 지원 시 '현금 지원은 하지 않는다', '약속한 것은 반드시 지킨다', '정부 정책에 따른다'는 원칙을 가지고 진행했다. 이 원칙은 초창기 북한 담당자의 불만을 사기도 했으나 장기적으로 북한과 신뢰를 구축하는 요인이 됐다.

천덕리 시범마을 조성사업은 오랫동안 북한 농업 지원사업을 하고 있던 김필주 박사와의 인연이 계기가 됐다. 김필주 박사는 1937년 함경북도 출생으로 경기여고와 서울대 농대를 졸업하고 1962년 미국으로 유학해 코넬대학교 박사(작물생리학) 학위를 받았다. 미국 종자회사에서 근무 중 1988년 북한의 옥수수 종자 품종 개량 요청을 받고 축산학자인 남편 주영돈 박사와 1989년 최초로 평양을 방문했다. 김필주 박사는 단순한 식량 지원은 한계가 있으며 북한 농업의 근본적인 문제를 해결하기 위해서는 종자 보급이나 기술 지원을 통해 지속 가능한 농업을 도입해야 한다고 생각했다. 농장 개발 및 운영을 위해 2003년 북한의 '은파산 무역발전회사'와 합작으로 '령윤합작투자회사'를 설립했다.

농장 개발사업 추진이 가능했던 것은 북한의 7·1 경제개선 조치의 영향이 있었다. 북한은 1990년대 중반 홍수, 가뭄 등 자연재해, 국제 경제 제재, 국내 정치적 상황(김일성 주석 사망 등)으로 인한 '고난의 행군'을 겪으면서 많은 아사자가 발생했다. 2000년 전후로 경제위기에서 어느 정도 벗어나면서 북한은 2002년 7·1 경제개선 조치를 발표했다. 농업 분야의 주요 내용은 '분조를 10~25명에서 4~6명으로 축소', '생산물을 작업분조와 국가가 3 대 7로 분배 및 국가가 시장가격의 70% 수준으로 수매', '작업분조에게 배분된 생산물과 목표량 초과분에 대해서는 처분권을 부여' 등이었다. 이러한 부분적인 시장경제 허용과 협동농장 운영의 자율권 부여에 따라 농장 개발사업이 가능했다.

2004년에는 북한 당국으로부터 황해북도 봉산군 천덕리, 구연리, 황해남도 삼천군 련평리와 도봉리 등에 있는 4개 농장, 2970㎡(약 900만 평)를 임대해 목화를 비롯한 각종 농산물 재배와 선진 영농 기술 전수사업을 시작했다. 개발 당시 각 농장에는 3500~4000명, 4개 농장 전체에는 약 1만 5000명(농장 노동자 6500명·학생 및 어린이 5700명)이 거주하고 있었다.

김필주 박사는 농장 개발사업을 하면서 동시에 살림집에 비가 새는 것을 보고 주택 개량사업도 필요하다고 인식했다. 당시 남북나눔도 다른 형식의 대북 지원사업을 모색하고 있었으므로 흔쾌히 사업에 참여하기로 했다. 농장 개발사업에 주거시설 개선사업이 더해지면서 본격적인 지역 개발사업의 형태가 갖춰졌다.

기존 집 철거 후 새로 건축

천덕리는 봉산탈춤으로 유명한 봉산군의 중앙에 있으며, 2019년 고구려 시대의 고분벽화가 발견된 고구려 고분군이 있는 지역이다. 천덕리 주변으로 평양~개성 고속도로가 지나가고 있으며, 평양까지 1시간 20분 정도 걸리는 거리에 있다. 사업 추진 전 현황 파악을 위해 신명철 남북나눔 본부장이 천덕리의 마을을 방문했다. 당초에는 살림집의 지붕이나 화장실 등을 고치는 사업을 생각하고 있었으나, 현지 조사를 한 결과 집의 상태가 예상보다 훨씬 열악해 기존 살림집을 철거하고 새로 짓기로

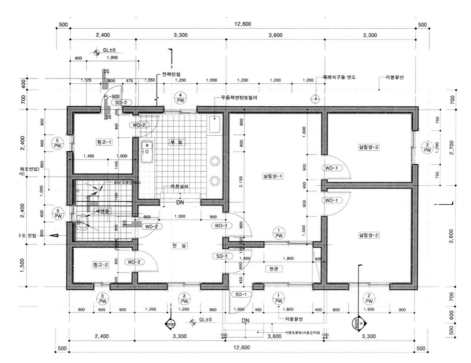

북한 설계를 참조해 정림건축에서 설계한 천덕리 농촌 시범마을의 살림집 평면도 / 정림건축

했다. 주거환경 개선사업은 매년 100채의 살림집을 새로 건축해 8년간 총 800채를 건설하고, 살림집 100채마다 탁아소와 유치원 각 1곳도 만들기로 계획했다.

　2005년 사업을 시작하면서 남북나눔은 남측에서 설계해 건설하려고 했다. 하지만 북한이 자신들의 농촌살림집 표준설계도에 따라 건축해 줄 것을 요구해 이에 따라 살림집을 건설했다. 북한의 농촌마을은 수십 개의 살림집이 격자형이나 지형을 따라 계획된 단지 형태로 조성돼 있다. 단지별로 공동시설이 있으며 농촌에도 수도, 하수도 등이 계획돼

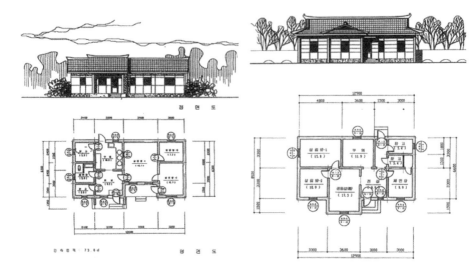

천덕리 농촌 시범마을의 살림집 북한 표준설계도 / 정림건축

있는 경우가 많다. 이러한 특징은 북한이 사회주의 국가이므로 살림집을 국가나 지방정부에서 계획해 건축하기 때문이다. 산간지방 등 인구가 적은 지역에서는 예외적으로 몇 개의 가옥이 떨어져 살림집은 2~3층으로 건축되기도 했으나 텃밭 등을 고려해 단층으로 지어지는 경우가 많았다. 외벽 마감은 주로 시멘트 모르타르로 미장하고 도색했다. 일부 주택은 종석물씻기 마감을 했다. 난방은 연탄이나 장작을 이용한다. 최근 북한에서 단열재를 생산하기 시작했으나 농촌살림집에는 거의 적용되지 않았다.

남북나눔은 건설을 위해 시멘트, 골재 등을 제외한 건축자재를 중국에서 수입해 제공했다. 시공은 북한 인력이 했다. 살림집은 면적이 약 27평이었으며 나중 지어진 것은 23평으로 변경됐다. 남북나눔은 북한 인

북한의 건축 사람을 잇다

력의 인건비도 지급했다. 현금을 지원하지 않는다는 원칙에 따라 밀가루 등 현물로 제공했다.

초기에는 북한의 표준설계에 따라 건설했으나 정림건축의 도움을 받아 조정했다. 정림건축의 설립자 김정철·정식 형제는 평양에서 출생한 실향민이며 독실한 기독교 신자이기도 했다. 정림건축의 이형재 부사장이 북의 설계는 평면 구성이 비효율적이고 열효율이 낮은 등 여러 문제점이 있으므로 개선이 필요하다고 조언했다. 이에 따라 2006년부터 북한의 표준설계가 아닌 북한의 의견을 반영해 정림건축에서 설계한 도면에 따라 살림집 등을 건설했다.

농촌시범마을 조성사업 시 건물 건설만이 아니라 전력, 통신, 수도, 하수도, 난방 등의 설비와 화장실, 주방(부엌) 등의 구조를 고려해야 했다. 북한의 전력 사정이 좋지 않아 전기 공급이 제대로 되지 않는 문제점이 있었다. 수도는 단지마다 심정을 설치하고 각 세대는 수도 배관을 했으며 수중펌프 고장을 고려해 심정마다 예비펌프를 비치했다. 또한 동절기 심정 파이프의 동결에 대비해 배관, 물탱크실, 펌프실에 상당한 두께의 보온재를 설치했다.

남북나눔은 화장실에 좌식 수세식 변기를 놓고 정화조를 설치하는 것을 제안했지만 인분을 비료로 사용해야 한다며 북한이 반대해 정화조는 설치하지 않았다. 부엌은 연탄과 화목을 형편에 따라 사용해야 하므로 입식이 아닌 방과 단 차가 있게 계획했고 싱크대를 설치했다. 난방은 연탄보일러를 설치했으며 농촌의 특성을 고려해 수납을 위한 창고 공간도 마련했다. 그리고 정림건축의 계획안에 따라 단지별로 지붕의 색을 다르게 해 단지별 특징을 부여하기도 했다. 세대별로 텃밭을 조성할 수 있도록 했고 주변에 나무를 식재할 수 있게 묘목을 지원하기도 했다. 살림집 외에 공공시설 및 편의시설도 건설했다. 매년 살림집 100채당 유치원과 탁아소 각 1곳을 만들었다. 2007년에는 탁아소와 유치원 외에 관리위원회 사무소(리 인민위원회 사무소), 마을회관, 간이진료소, 기계화작업실, 창고, 편의시설(이발소·목욕탕) 등도 건설했다.

사업은 2008년 북한의 사업 주체가 민경련에서 민화협으로 바뀌면서 몇 개월 중단되기도 하는 등 우여곡절이 있었으나 일정에 따라 진행됐다. 매년 100채씩, 2008년까지 총 400채를 건설했다. 살림집 1채당 공사비는 정확히 추산하기 어려우나 남북나눔의 홍정길 목사 회고에는 1채당 약 1만 달러가 들었다고 한다. '북한의 생활 인프라 개선을 위한 관련 산업 육성 및 제도화 방안 연구 보고서'에는 1채당 3만 달러가 소요된 것으로 조사됐다. 살림집 1채당 3만 달러, 유치원, 탁아소 및 편의시설에 약 200만 달러가 소요된 것으로 가정하면 천덕리 농촌시범마을 조성사업에는 1400만 달러(160억 원) 정도가 들어간 것으로 추정된다.

남북 농업 협력 가능성 제시

천덕리 농촌시범마을 조성사업은 대북 민간 지원사업을 한 단계 발전시켰으며 향후 남북 협력사업에 여러 시사점을 주는 사업이라고 할 수 있다. 농촌시범마을 조성사업은 2008년 살림집 400채를 건설한 후 중단됐다. 농장사업은 2019년 농장이 11개로 확대됐다고 하지만 성과는 잘 알려져 있지 않다. 아마도 2016년 이후 북한 제재 강화, 미국인 북한 여행 금지, 코로나19 등으로 인해 여러 어려움을 겪고 있는 것으로 보인다. 그럼에도 불구하고 천덕리 농촌시범마을 조성사업과 농장사업은 일정

북한의 건축 사람을 잇다

2011년 7월 천덕리 농촌시범마을 조성을 위해 방문한 조사단 / 남북나눔운동

한 성과를 거뒀고 남북 농업 협력의 가능성을 제시했다고 생각된다.

특히 천덕리 농촌시범마을 조성사업은 2014 통일준비위원회 2차 회의에서 제기된 '북한 생활 인프라 개선' 아이디어에 영향을 줬다. 북한 생활 인프라 개선사업은 우선 북한 마을 2곳을 시범적으로 선정해 상수

천덕리 농촌시범마을의 병원 / 남북나눔운동

도, 지붕, 화장실, 부엌 등을 개량하고 점차 규모를 확대해 매년 10만 호씩 10년간 100만 호를 개량하는 것이었다.

농촌시범마을 조성사업과 농장사업은 일정한 성과와 더불어 향후 남북 협력사업의 과제도 보여 주고 있다. 북한의 주거환경 개선사업 시 전력, 용수 등 인프라 구축에 대한 것이다. 전력은 살림집만이 아니라 농산물 가공을 위한 공장 시설 운영을 위해서도 필요하다. 태양광, 풍력, 소수력(작은 하천이나 폭포수의 낙차를 이용한 발전 방식), 분뇨 등 폐기물을 이용한 바이오가스 발전 등을 고려할 수 있다. 바이오가스를 활용한 전력을 공급

북한의 건축 사람을 잇다

하는 경우에는 소규모 집단 난방 시스템을 구축해 난방을 해결할 수도 있으나 신재생에너지 발전은 투자비가 고가인 문제점이 있다. 천덕리에서 수도는 단지마다 지하수용 펌프를 개발하고 단지 내의 수도관을 통해 공급하는 시스템을 구축했다. 하지만 전력 공급 중단, 동절기 동결, 수질오염 등을 고려하면 자연 낙차에 의한 용수 공급 방안을 검토할 필요가 있다.

이와 함께 건물의 구조와 수준에 대한 검토도 필요하다. 천덕리는 주민들의 텃밭에 대한 요구로 단층으로 건설했으나 건설비, 단열, 누수, 토지 이용의 효율성 등을 고려하면 3~4층 정도로 여러 세대가 붙어 있는 구조로 건설하는 것이 합리적이다. 텃밭이 필요하면, 건축 면적이 줄어든 면적만큼 세대별로 텃밭을 배정하면 가능하다고 생각된다. 또한 건축비 절감을 위해 벽돌, 기와, 건축용 목재 등을 북한이 자체적으로 생산하는 방안도 고려할 필요가 있다.

남북관계 개선 시 많은 사람이 북한의 경제특구 개발과 철도, 도로 등 인프라 구축에 주목하고 있다. 그러나 농촌종합개발형 협력사업은 북한 주민들에게 직접적인 생활환경 개선에 기여하고 소득 증대를 통해 자립 기반을 마련할 수 있으므로 남북관계 개선 시 적극적으로 추진돼야 할 것이다. 또한 농업 협력사업은 북한의 경제특구 개발과 병행해 주변 지역을 대상으로 시행하는 방안도 고려할 필요가 있다.

14 │ 새로운 미래를 위하여

'그래도 경험이 남았다'
맥 끊긴 남북 교류의 내일

2003년 10월 평양 류경정주영체육관 개관식에 참석한 필자

2020년 초 전 세계에 코로나19가 퍼지면서 영화처럼 비현실적인 생활이 시작됐다. 이런 어려움은 역설적으로 우리나라의 위치를 드러나게 했다. 2020년 우리나라의 경제 성적표는 주요 국가 중 가장 좋았으며, 2021년 들어 수출은 역대 최고치를 경신하고 있다. 유엔무역개발회의(UNCTAD) 총회는 한국을 역사상 최초로 개발도상국에서 선진국으로 격상시켰다. 또한 2020년 아카데미 시상식에서 봉준호 감독의 '기생충'이 작품상, 감독상, 각본상, 국제영화상 등을 수상한 데 이어 2021년 아카데미 시상식에서 윤여정 배우가 여우조연상을 받았고, BTS가 빌보드 차트 1위를 차지하며 달라진 한국 문화의 위상을 보여 주었다. 각각의 분야가 어려움 속에서도 성과를 거두고 있으나, 안타깝게도 남북관계는 코로나19 유행 이후 전망이 더욱 불투명해진 상태다.

일회성 사업에 그친 과거 교류

건설 분야에서 북한에 본격적으로 관심을 가진 시기는 1990년대 중반이었으며, 이러한 관심은 어느 정도 근거가 있는 것이었다. 1990년 독일 정부는 통일 후 동독 지역의 인프라 및 주택 건설을 위한 대규모 투자를 했다. 또한 통일을 위해 소련의 동의가 필요했으므로 독일 정부는 1989년부터 1993년까지 소련에 437억 8000만 달러(추정치)에 달하는 대규모 경제 지원(Checkbook Diplomacy)을 했다. 이 자금으로 건설되는 아파트 공사 4건을 유원건설과 삼성건설이 수주했다.

1990년 9월에는 일본의 정치적 실세인 가네마루 신 자민당 부총재가 평양을 방문해 일제 식민지배 보상금으로 100억 달러를 지불하기로 합의했다는 보도가 있었다. 유엔개발계획(UNDP)은 북·중·러 접경지대인 두만강 유역에 초국경도시를 개발하는 두만강개발계획(TRADP)을 발표하기도 했다. 건설업계는 남북 통일이 되지 않더라도 일본 배상금에 의한 북한 지역 인프라 건설 및 개발사업으로 대규모 건설시장이 열릴 것이라는 기대를 하게 됐다.

실제로 1994년 북미 간의 제네바 합의에 의해 40억 달러 규모의 경수로 지원사업이 추진돼 현대, 대우, 동아건설 등 대형 건설사가 참여했

개성공업지구 부지 조성 공사(2004) / 필자 제공

다. 1998년 금강산 관광이 시작된 후 남북 건설 협력사업은 본격화됐다. 남북 도로·철도 연결, 개성공단 등 대규모 사업도 추진됐지만, 규모가 작고 일회성 사업에 그친 것이 대부분으로 건설업계의 기대에는 크게 미치지 못했다.

남북관계 고려된 신도시 개발

건설 측면에서 남북 교류는 북한에서의 건설사업보다 경기도 북부 등 남북 접경지역 개발에 미친 영향이 더 컸다. 경기 북부 접경지역은 안보를 이유로 오랫동안 개발에 제약이 있었다. 1988년 7·7 선언 후 남북 교

일산신도시의 개발 전 모습과 개발 후 모습 / 고양시 홈페이지

북한의 건축 사람을 잇다

류에 대비해 북한에 가까운 지역인 일산이 신도시로 개발됐다. 현재 일산은 접적지역(적과 마주치는 지역)이라는 의식이 없지만, 신도시로 지정되기 전까지 공장, 학교 등을 이전해 인구 밀집을 방지하는 이전촉진 지역이었다.

일산은 당초 1기 신도시 대상 지역이 아니었다. 신도시 후보지로 박정희 대통령 시대부터 분당, 산본, 중동, 평촌 등이 검토됐으나, 남북관계 개선을 고려해 일산을 신도시로 지정했다. 일산 개발에 남북관계가 고려됐다는 것은 개발 목표에 '남북 통일의 전진기지'라는 표현이 포함된 것을 보아도 알 수 있다. 일산신도시 준공 후 접경지역 개발은 한동안 정체됐지만 남북 경협이 본격화되는 2000년 이후 경기도 파주는 개발로 많은 변화가 있었다.

문산~봉동 간 화물열차 시범 운행(2007. 12) / 필자 제공

싱가포르 고촉통 전 총리의 개성공단 방문(2008) / 필자 제공

한국 경제 도약을 위해선 필수

남북 경협은 2016년 개성공단이 중단되면서 거의 25년 만에 완전히 단절됐다. 현재도 남북관계 전망은 불투명하다. 그러나 한국 경제의 새로운 도약과 안보 위험 해소를 위해 남북관계 개선은 선택이 아닌 필수다. 최근 코로나19 유행에도 불구하고 한국 경제는 반도체, 2차 배터리, 조선 등이 선전하고 있으며, 2021년 구매력 기준 1인당 국민소득(PPP)은 일본을 앞섰다. 그러나 이는 한국 경제가 다른 나라에 비해 좋다는 의미일 뿐, 여전히 청년 실업률은 높은 수준을 유지하고 있으며 잠재 경제성장률도 점차 떨어지는 등 경제적 어려움은 계속되고 있다.

1 개성공단 공장 건설 현장(2005) 2 경의선 남북 연결도로 북측 구간(2007) / 필자 제공

한국 경제가 이런 어려움을 극복하고 새로운 도약을 하기 위해서는 북한과의 교류·협력이 필수적이다. 또한 남북 교류는 북한과의 경협만이 아니라 국내 육상 교통을 대륙과 연결해 섬나라와 같은 지리적 약점을 극복하고 인구가 1억 명에 달하는 중국 동북 지방과 경제공동체를 만드는 토대가 될 수도 있다.

그간 남북 경협은 상호 이해와 신뢰가 부족한 상황에서 추진해 많은 시행착오를 겪고 초보적인 단계를 벗어나지 못했다. 그러나 남북 경협은 다양한 분야에서 여러 방법으로 추진됐으며 개성공단 사업과 같은 개발사업은 성공적이었다. 남북 경공업 자재 및 지하자원 개발 협력사업, 남북 철도·도로 연결사업 등도 실효성 및 가능성이 있는 것으로 확인됐다. 또한 남북 교류가 상호 이익이 된다는 공감대가 형성돼 있으며, 북한은 최근까지 경제개발구를 지속적으로 확대하는 등 외국인 투자 유

북측(중앙특구 개발지도 총국)과 개성공업지구 관리위원회의 건설 관련 회의(2009) / 필자 제공

북한의 건축 사람을 잇다

평양 류경호텔을 배경으로 북측 안내원과 함께 찍은 사진. 안내원은 2004년부터 개성공단
북한식당(봉동관) 봉사원으로 일했다. / 필자 제공

치에 적극적이다. 그러므로 남북 경협이 재개되는 경우 남북 당국의 지
원과 교류·협력의 경험을 활용하면 이전과 비교해 규모와 질적으로 다
른 차원의 경협사업 추진이 가능할 것으로 예상된다.

PART 2

북한의 외자유치 정책

북한에 투자가 가능해지면 남한만이 아니라 중국, 일본, 러시아, 싱가포르 등 주변의 많은 국가에서 적극적인 투자를 진행해 경쟁이 격화될 것이다. 남한은 금강산 관광과 개성공업지구 개발을 추진한 경험과 경협사업을 진행한 경험이 많다. 또한 지리적으로 인접해 있으며, 언어가 통하는 하나의 민족일 뿐 아니라 국가안보를 위해서도 북한과 교류를 해야 하는 이유 등으로 유리한 부분도 있다. 하지만, 2008년 금강산 관광객 피격 이후 관계가 얼어붙어 있는 남한에 결코 유리하지만은 않다. 남한이 북한 개발에 주도적으로 참여하기 위해서는 북한에 대한 이해를 바탕으로 사전에 전략을 마련해야 한다.

<격동의 100년 중국>(루쉰 외, 2005년, 일빛)이라는 책이 있다. 중국에서는 2001년에 출판되었고 남한에는 2005년 번역 출간되었다. 중국의 변법자강운동부터 대장정, 문화혁명, 개혁·개방 그리고 홍콩 반환까지 역사적인 순간에 대하여 40명의 저자가 겪은 경험을 기록한 글을 모아 놓은 책이다.

책에는 1978년 중국의 개혁·개방 후 이루어진 농촌개혁(농촌 개혁을 위한 21개의 손도장 – 종석인), 경제특구 정책(최고의 정책 : 특구설립 – 예진량), 덩샤오핑의 남순강화(개혁 개방의 가속화 : 동풍은 봄을 실어 오고 – 진석첨) 등에 대한 글들이 실려 있다. 예진량의 글에 의하면 경제특구의 시작은 우연에 가까운 것이었다. 홍콩에 본사를 두고 있는 중국 국영 해운회사의 선박 수리소와 물류창고 건설을 검토하다가 토지가 비

김정은 위원장의 신의주시 건설 계획에 대한 현지 지도 모습(2018. 11. 16) / 북한자료

북한의 건축 사람을 잇다

싼 홍콩이 아닌 홍콩에서 가까운 서커우반도에 공업구를 설립한 것이
선전(深圳)경제특구를 만드는 계기가 되었다.

2000년대 초반까지도 중국은 여전히 가난한 국가 중 하나였다.
2000년 중국의 1인당 국민총소득(GNI)은 940달러에 불과했으며 세계
207개국 중 141위에 그쳤다. 그러나 2010년 중국 국내총생산(GDP)이
일본을 제치고 세계 2위가 되면서 강대국으로 떠올랐다. 1978년 본격적
으로 개혁·개방을 추진한 지 30여 년 만에 이룬 성과였다.

중국의 이러한 경제발전에는 경제특구 개발을 통한 외자유치와 수
출 위주의 산업 정책이 가장 큰 요인이었다. 경제특구는 중국 개혁·개방
이전에도 여러 나라에 설치되어 있었다. 1970년과 1972년에 설치된 남
한의 마산자유무역지대와 익산자유무역지대도 일종의 경제특구이다.
그러나 경제특구가 세계적인 이슈로 떠오른 것은 중국이 본격적으로 경
제특구를 개발하면서부터다. 중국의 성공에 영향을 받아 베트남을 비롯
해 동남아 여러 나라에서 경제특구 개발을 추진했다. 베트남은 중국과
개발 방식에 차이는 있으나 적극적인 외자유치로 빠르게 경제성장을 이
루고 있다.

북한도 1980년대 중국 개혁·개방의 영향을 받아 합영법을 제정하
고 1992년에는 라선경제무역지대를 지정했으며 1990년대 말부터 금강
산관광지구, 개성공업지구 개발을 통해 경제발전을 추진했으나, 금강산
관광과 개성공업지구가 중단되고 핵 문제로 인한 국제 제재로 성과를
거두지 못하고 있다. 그럼에도 불구하고 북한은 2010년 이후에도 라선

과 황금평·위화도 경제무역지대를 중국과 공동 개발하기로 합의하고, 2013년 13개의 경제개발구를 지정하는 등 경제특구 개발을 통한 경제성장을 지속적으로 시도하고 있다.

2016년 이후 완전히 단절되었던 남북관계는 2018년 평창 올림픽을 계기로 남북정상회담, 북미정상회담이 잇달아 열리며 기대를 갖게 했다. 그러나 2019년 2월 하노이 북미정상회담과 10월 스웨덴 스톡홀름에서 열린 북미실무회담이 결렬되고, 2020년부터 코로나19로 인해 국제적 교류가 중단되면서 남북관계는 어려움을 겪고 있다. 하지만 남한과 북한의 경제발전이나 안전보장을 위해서도 남북관계 개선은 필연이다. 남북관계 개선 시 우선 협력이 예상되는 분야는 북한의 경제특구 개발이 될 것이다. 그동안 북한의 외자유치와 경제특구 개발 정책 그리고 개발 현황 등을 알아보자.

1. 1980년대 이전 북한의 경제 상황과 국제 정세

북한이 본격적으로 사회주의 공업화를 추진한 것은 '제1차 7개년 계획'(1961~1970), '6개년 계획'(1971~1976)이 실행된 시기라고 할 수 있다.

전후 북한은 소련, 중국, 동유럽 등 사회주의 국가의 지원으로 빠르게 경제를 복구했으며 중공업 위주의 공업화를 추진했다. '1차 7개년 계획'은 1961~1968년이 계획 기간이었으며 중공업 우선의 경제 건설과 군수공업 강화에 주력했다. 그러나 1960년부터 사회주의 국가로부터 지원이 중단되면서 당초 계획을 달성하지 못하고 계획 기간을 연장해 1970년 종료됐다.

1960년대까지 북한은 자급자족 경제 정책을 추구하여 대외무역은 보완적 수단이었으나, 1971년 '6개년 계획'을 수립하면서 서방과의 교역 확대 정책을 추진했다. 이 정책 변화는 몇 가지 요인이 영향을 미쳤다. 우선 1960년대 말부터 시작된 동서 긴장 완화 영향이 있었다. 미중, 미소 관계가 개선되고 동유럽 국가들이 서방과 교류를 확대하고 있었다. 북한도 1970년대 초 여러 유럽 국가들과 국교관계를 수립하거나 무역사무소를 설치하는 등 적극적으로 대외관계를 개선하는 움직임을 보였다. 두 번째는 '1차 7개년 계획'(당초 1961~1968)을 기간 내에 달성하지 못했으므로 '6개년 계획'을 성공시키기 위해서는 정책의 변화가 필요했다. 그리고 남한의 급속한 경제발전도 의식했기 때문으로 보인다.

1970년대 들어 1974년까지 북한은 서방의 외채를 도입하여 대규모

설비투자를 진행했다. 1970년대 초 북한의 주요 수출품인 원자재의 국제가격이 높았으므로 서방과의 교역에서 적자가 발생함에도 외채 상환은 어려움이 없을 것으로 예상됐다. 하지만 1974년 1차 석유파동으로 국제유가가 급등하고 석유를 제외한 원자재 가격이 하락하면서 외채 상환이 어려워졌다. 외채 중 60%가 서방 국가에 진 부채였는데, 이를 상환하기 위해 소련의 지원을 받았다.

북한은 1975년 '6개년 계획'의 조기 달성을 선언했으나 후속 계획을 발표하지 않다가 1978년 '제2차 7개년 계획'(1978~1984)을 발표했다. '제2차 7개년 계획'에서는 기존 외채를 상환하지 못해 추가 외채 도입이 어려웠다. 따라서 인민경제의 주체화, 현대화, 과학화를 주요 과업으로 선정하고 주체사상에 입각한 자립민족경제 건설을 강조했다. 한편으로는 외채를 상환해야 했으므로 수출 확대를 추진했으나 성과를 거두지 못했다.

1970년대 말 중국이 개혁·개방을 추진하고 2차 석유파동(1979년)이 발생했으며 미소 간의 대결이 격화되는 등 여러 어려움 속에서 북한은 1980년대를 맞이하게 되었다.

2. 1980년대의 외자유치 정책

북한은 1970년대 외채 도입을 통해 경제발전을 추진했으나, 석유파동으로 북한의 주요 수출품인 원자재 가격이 하락하며 무역적자가 커졌다. 1976년에는 외채 규모가 20억~24억 달러*에 달했다. 시간이 갈수록 외채가 늘어났으며 1980년대가 되면서 외채를 상환하지 못하자 1986년 서방 채권단은 북한을 파산국가로 지정했다. 또한 1984년은 2차 7개년 계획의 최종 연도임에도 실적 발표를 하지 못할 정도로 경제 사정이 좋지 못했다.

북한은 외채 상환 부담이 없는 직접투자 유치를 검토했다. 1984년 9월 26개 조항으로 이루어진 '합영법'을 제정·공포했다. 합영법을 제정하기 전인 1984년 1월 개최된 최고인민회의에서 대외 경협 대상으로 사회주의 여러 나라와 제3세계 국가(비동맹 국가)뿐만 아니라 서구 국가를 거론했다. 그 후 당 간부, 관료 및 지방의 책임자를 중국의 대외개방 정책의 대표 격인 선전에 보내어 준비를 했다.** 합영법은 중국의 중외합자경영기업법(中華人民共和國中外合資經營企業法)을 참조해 제정했다. 그리고 1985년 3월 외국인 투자 안정성을 보장하기 위하여 외국인소득세법과 합영법 시행세칙을 제정·공포했다.

합영법에서 권장하는 투자는 공업, 건설, 운수, 과학기술, 관광업 등 5개 분야였다. 특이한 것은 관광이 투자 권장 분야에 포함된 것이다. 1980년대 초반까지도 북한은 관광업에 부정적이었으나 중국이 관광업

---

*북한의 경제발전전략 70년의 회고와 향후 전망, 양문수, 2015, 통일정책연구24권 2호, 42p
**북한경제학습, 연하청, 2002, 84p

1980년대 합영법으로 외국 자본을 유치하여 건축한 건축물
1 고려호텔 2 류경호텔 3 양각도호텔 4 피아노 공장(일본 사쿠라그룹 투자) / 북한자료

북한의 건축 사람을 잇다

으로 외화 수입을 거두는 것을 참조한 것으로 보인다.

저개발국에서 경제발전 초기에 관광산업을 활용한 사례는 많다. 1965년 독립한 싱가포르는 경제적 어려움을 타개하기 위하여 독립 초기에 투자비가 적게 드는 관광산업을 적극적으로 육성했으며, 현재도 국가의 가장 중요한 산업 중 하나로 자리 잡았다. 중국은 개혁·개방 초기에 싱가포르의 영향을 받아 적극적으로 관광객을 유치해 상당한 성과를 거두고 있었다. 북한은 1985년부터 홍콩의 단체관광객 입국을 허용하는 등 관광객의 입국을 제한적이지만 지속적으로 허용하고 있다.

합영법은 주로 서방 기업을 대상으로 제정하였으나 공포된 지 1년 반이 다 되어도 실적을 올리지 못했다. 특히 북한과의 경제 교류에 우호적이던 일본, 프랑스 등으로부터 성과를 거두지 못하자 재일동포의 자본 유치를 추진하게 되었다.[*]

초기 합영법에 의한 대표적인 외자유치 사례는 양각도호텔, 락원백화점, 김만유병원 등이다. 양각도호텔은 프랑스 건설회사 베르나르 콩페뇽(CBC·CAMPENON BERNARD CONSTRUCTION)과 합작 투자로 건설했다. 1985년 착공하여 10년 만인 1995년 개관했으며 사업비는 1억 2800만 달러로 추정된다. 47층으로 최상층의 스카이라운지는 회전하도록 되어 있다. 현재 고려호텔과 더불어 북한을 대표하는 호텔 중 하나이다. 락원백화점은 북한의 락원무역상사와 재일교포 기업 조일상사가 합작으로 투자하여 1985년 2월 개설했다. 평양에 본점을 두고 각지에

---

[*]북한의 경제발전전략 70년의 회고와 향후 전망, 양문수, 2015, 통일정책연구 24권 2호, 43p

31개 지점이 있었다고 한다. 현재는 고급 수입품을 파는 최고급 백화점으로 북한이 자체적으로 운영하고 있다.

김만유병원은 일본 조총련계 의사인 김만유 원장이 22억 엔(약 240억 원)을 투자해 평양 대동강구역 문수거리에 1986년 4월 개관하였다. 현재 가치로 환산하면 최소한 10배 이상으로 추정된다. 현재 김만유병원은 부지면적 10만 5000㎡, 연건축면적 16만㎡로 16층 건물 3개 동과 동위원소치료병동, 동물실험실 등 모두 5개 동으로 구성돼 있고 병상은 1300개, 입원실은 200여 개, 진료과목은 30여 개로 북한에서 가장 현대적 시설을 갖춘 병원이다.

병원을 설립한 김만유 원장은 1914년 제주도에서 태어났으며, 일제 강점기인 1931년 만주에서 벌어진 만보산 사건을 규탄하는 격문을 경성에서 뿌려 1년 9개월 동안 감옥 생활을 했다. 1936년 일본에 건너가 의대를 졸업했고 1953년 도쿄 아다치구에 니시아라이(西新井)병원을 세웠으며 병원 산하에 간호전문대학이 있을 정도로 성장했다. 1977년에는 재일본조선인총연합회(在日本朝鮮人總聯合會·조총련) 과학자 지원을 위해 김만유재단을 설립, 1986년에는 22억 엔을 투자하여 김만유병원을 개관했고, 북한이 식량난을 겪자 쌀 1000t을 지원하기도 했다.

북한은 1984년 합영법 제정 후에도 투자유치에 큰 성과를 거두지 못하자 재일동포 기업을 대상으로 투자유치를 추진했다. 1986년 2월 28일 평양을 방문한 상공연합회 결성 40주년 기념단에게 김일성 주석은 합영사업 참여를 강도 높게 요구했다. 이것이 조조합영(朝朝合營)사업의 강령이 된 2·28 방침이었다. 1984년 합영법 발표 이래 1992년 7월까지

합영법으로 투자한 재일교포 이름을 딴 시설물들
1 안상택 거리 전경 2 전형제애국정미공장 3 김만유병원 / 북한자료

북한이 외국 기업과 투자유치 계약을 체결한 것은 140건으로 이 가운데 116건, 1억 5000만 달러는 조총련 동포가 투자한 사업이고 1992년 당시 조업 중인 66건 가운데 85%인 56건이 조총련계 기업이었다.*

합영사업을 적극적으로 추진한 재일교포 사업가는 사쿠라그룹을 이 끌고 있던 전연식·진식 형제였다. 사쿠라그룹은 1951년 도쿄도 후추시 에서 창업한 기업으로 대형 슈퍼마켓, 식품제조업, 볼링, 경마, 태권도장 등 다양한 사업을 하고 있으며, 1979년 불고기맛 양념이 유명해지면서 전국적인 기업이 되었다. 1996년에는 직원 2200명, 연 매출이 1200억 엔에 이르렀으나 2018년에는 직원 370명, 연 매출도 184억 엔 정도로 줄

* 북한의 경제발전전략 70년의 회고와 향후 전망, 양문수, 2015, 통일정책연구 24권 2호, 43p

어들었다고 한다.

사쿠라그룹은 1987년 조조합영 제1호로 북한의 조선은하무역총회사와 합작으로 모란봉합영회사를 만들었다. 사쿠라그룹은 남포에 양복 공장과 피아노 공장을 운영했으나 북한의 경직된 체제로 인하여 성과를 거두지 못하고 1990년대 중반 철수했다고 한다. 1980년대 말부터 북한에 투자를 했던 재미교포 이찬구 회장은 인터뷰에서 전진식 회장이 북한에 바른 소리를 하자 북한에 들어오지 못하게 했으며, 아들인 전수열 회장이 피아노 공장에 일본 기술자를 상주하도록 허용해 달라는 요청을 거절해 결국 피아노 공장도 성과를 거두지 못했다고 한다.*

합영기업이 성공하지 못한 것은 1986년 이후 방어적이고 소극적으로 태도가 변화된 것도 중요한 요인으로 생각된다. 북한의 태도 변화는 1985~1986년 구소련·중국에서의 개혁 정책 전개 양상이 영향을 미친 것으로 보인다.

소련에서는 1986년 2월 고르바초프가 공산당 서기장에 취임한 이후 최초의 당 대회에서 '근본적 개혁'을 호소했다. 그는 같은 해 7월 연설에서 그와 같은 개혁이 경제뿐만 아니라 정치, 사상, 당까지 대상으로 하는 것임을 밝혔다. 중국에서는 1986년 3월에 개최된 전국인민대표대회 제6기 제4차 회의에서 정치체제 개혁 문제가 의제가 된 것을 계기로 이 문제를 둘러싼 논의가 활발해졌고 지도부의 예상과 의도를 넘어설 정도로 확대되었다. 북한 지도부는 구소련·중국에서의 경제개혁이, 정치개혁

———
*월간조선 2004.7

실시와 민주화로의 요구로 파급·연동하여 가는 양상을 보고 큰 충격을 받았던 것으로 보인다.

북한 지도부로서는 경제개혁 논의에 제동을 걸지 않을 수가 없었다. 이러한 지도부의 심경 변화는 1986년 7월 김정일 위원장의 담화에 선명히 나타나 있다. 이 담화가 일반에게 공개된 것은 1년 후인 1987년 7월인데 1년 동안 비공개에 부쳐진 것은 구소련과 중국을 자극할 우려가 있었기 때문이다. 예를 들면 "대국이나 선진국이라고 하여 언제나 옳은 길을 걷는 것이 아니며 그들 나라의 경험이라고 하여 그것이 전부 우리 나라의 실정에 맞는 것은 아니다"와 같은 내용이 포함되어 있다. 더욱이 이 담화의 미공표 부분(제3장)에 구소련·중국의 체제개혁을 비판하는 내용이 포함되어 있다.*

북한의 이러한 태도는 중국과 대조되는 부분이다. 중국은 1989년 톈안먼 사태가 발생, 이에 대한 책임을 지고 개혁파인 자오쯔양이 당서기에서 물러나 연금되었다. 덩샤오핑도 권좌에서 물러나고 상대적으로 보수적인 장쩌민이 자오쯔양의 뒤를 잇게 되었다. 톈안먼 사태 이후 개혁 정책은 정체되었으며 정권 내부에서 정책에 대한 논쟁이 가열되었다. 하지만 덩샤오핑은 1992년 남방(우한(武漢), 선전(深圳), 주하이(珠海), 상하이(上海) 등)을 순회(남순강화(南巡講話))하면서 경제개혁을 더 빠르게 추진할 것을 요구하였고 개혁 정책은 변함없이 추진되었다.

북한은 경제발전을 위해 합영법 제정 등 외국 자본 유치 추진 외에 1980년대 들어서면서 유엔개발계획(UNDP), 유엔공업개발기구

---

*북한의 경제발전전략 70년의 회고와 향후 전망, 양문수, 2015, 통일정책연구 24권 2호, 43p

(UNIDO) 등 국제기구의 지원을 받기 시작했다.

유엔개발계획은 개발도상국의 경제, 사회적 발전을 위한 프로젝트를 만들거나 관리하는 일을 주로 하며 소득 향상, 건강 개선, 민주적인 정치, 환경 문제, 에너지 등 개발에 관련된 모든 분야가 대상이다. 전 세계 170여 개국에 사무실을 운영하고 있다. 1970년 싱가포르는 유엔개발계획의 지원을 받아 장기도시개발계획을 수립했고, 이에 따라 개발된 싱가포르는 가장 모범적인 도시개발 사례로 알려져 있다.

북한은 1979년 유엔개발계획에 가입하였으며 1980년 12월 평양 상주 대표부가 개설되었다. 유엔개발계획은 1990년까지 2차에 걸쳐 4200만 달러 상당의 자금과 기술을 지원했다. 1차는 1980~1986년 2050만 달러를 투입하여 공업, 과학, 수산업, 수송, 통신 등 8개 분야 23개 사업을 추진해 6개 사업을 완료했으며, 2차는 1987년부터 1991년까지 2166만 달러를 들여 7개 분야 45개 사업을 추진하여 5개 사업을 완료하고, 나머지 사업은 이후에도 계속 추진하고 있는 것으로 알려졌다.*

북한은 이외에도 1980년 말부터 유엔개발계획 등으로부터 외자유치를 위한 투자환경 개선, 법 및 제도 정비 등에 지원을 받은 것으로 알려져 있다. 유엔개발계획과의 협력은 라선자유경제무역지대 지정에도 영향을 주었다.

또한 1980년대 북한은 남한과의 경협을 추진하기 시작했다. 1984년

---

*북한경제학습, 연하청, 2002, 한국학술정보, 240p. 1차의 주요 사업은 남포항 시설 현대화, 신성천~평양 간 철도 자동화, 평성 반도체 공장 등이며 2차의 주요 사업은 기상위성수신소, 종자 가공, 옥수수 품종 개량, 항공관제시설 현대화, 시멘트 생산 기술 지원, 광섬유 통신선 개발사업 등

북한의 건축 사람을 잇다

8월 31일부터 9월 4일까지 서울과 경기 일대에 많은 비가 내려 사망 189명, 실종 150명, 부상 103명, 재산 피해 2500억 원, 이재민 23만 명이 발생했다. 9월 8일 조선적십자회가 방송을 통해 남한에 쌀 5만 석(약 7800t), 옷감 50만m, 시멘트 10만t, 의약품 등을 지원하겠다고 제의했고 9월 14일에 대한적십자사가 회답했다. 그리고 9월 29일부터 10월 4일까지 판문점, 인천항 및 북평항에 북한 수재물자가 도착했다.

수해 지원을 계기로 남북관계는 새로운 전기를 맞이하게 되었다. 1984년 10월 20일 남한의 신병현 부총리(겸 경제기획원 장관)가 남북한 경제회담을 제의했다. 북한의 김환 정무원 부총리가 10월 26일 제의를 받아들여, 1984년 11월 15일 판문점 중립국감독위원회 회의실에서 양측 정부 당국의 차관급을 수석대표로 하는 각 7명의 대표단이 참석하여 첫 경제회담이 열렸다.

1985년에는 광복 40주년을 계기로 한국전쟁 후 35년 만에 최초의 이산가족 상봉이 이루어졌다. 광복 40돌을 맞는 8월 15일, 100명 정도의 예술단이 서울과 평양을 상호 방문해 축하공연을 가지자고 제의했다. 대한적십자사는 예술공연단 교환 방문 사업과 동시에 이산가족 고향 방문단 교류를 제안하여 양측이 합의했다. 합의에 따라 151명으로 구성된 양측의 이산가족 고향방문단 및 예술공연단은 9월 20일 오전 9시 30분, 동시에 판문점을 통과하여 각각 서울과 평양을 방문하고 3박 4일간의 일정을 보냈다. 이때의 이산가족 고향 방문 행사에서 생사 확인이 제대로 이뤄지지 않아 남북 방문단 50명 중 남측은 35명, 북측은 30명만이 가족을 만날 수 있었다. 예술공연은 남한에서 가수 김정구, 나훈아, 김희

갑, 남보원 등 50명이 평양역 인근에 있는 2200석 규모의 평양대극장에서 현대무용, 민속무용, 민요합창, 가곡, 코미디 등을 공연했다. 이후 2차 남북 이산가족 상봉은 2000년까지 또 15년을 기다려야 했다.

1985년 9월에는 허담 노동당 대남비서가 남한을 비밀리에 방문했고, 10월에는 장세동 안기부장이 북한을 방문해 남북정상회담을 협의했다. 1985년 초부터 박철언 안기부 특보와 한시해 노동당 부부장이 판문점 등에서 지속적으로 접촉한 결과였다.

그러나 1986년 1월 북한이 모든 남북회담의 중단을 통보하면서 남북관계 개선 분위기가 끝나게 되었다. 표면적으로 북한이 팀스피릿 훈련을 남북회담 중단의 이유로 들었지만, 북한의 86 서울 아시안게임과 88 서울 올림픽 공동 개최 요구에 남한에서는 일부 종목의 경기를 북한에서 여는 것은 가능하지만 공동 개최는 불가하다는 입장을 표명했다. 대통령 직선제 개헌을 요구하는 정치적 시위가 격화되자 대화는 중단되었다. 그럼에도 불구하고 박철언, 한시해 라인은 여전히 가동되어 1989년 현대그룹 정주영 회장의 방북, 남북 탁구 단일팀, 1991년 남북기본합의서 체결 등에 역할을 하게 된다.*

1986년 남북대화 중단 후 남북관계는 다시 악화되었다. 1986년 9월 아시안게임을 불과 1주일 앞두고 김포공항에서 폭탄이 폭발하여 5명이 사망하고 30여 명이 다친 테러 사건이 발생했다. 아시안게임을 이유로 보도가 통제되어 일반인에게는 알려지지 않았다. 1987년 11월에는 바그다드를 출발, 방콕을 경유해 서울로 향하던 KAL858기가 폭파되어 승객

---

*서울밀사 평양밀사 4. 85년 장세동 평양행, 중앙일보, 2000.5.18

　　　　　　　　　　　　　　　　　북한의 건축 사람을 잇다

115명이 전원 사망하는 사고가 발생하기도 했다.

88 서울 올림픽이 개최되기 직전인 7월 7일 노태우 대통령은 7·7 선언(민족자존과 통일번영을 위한 대통령 특별선언)을 발표했다. 남북 동포의 상호 교류 및 해외 동포의 남북 자유 왕래 개방, 이산가족 생사 확인 적극 추진, 남북 교역 문호개방, 비군사 물자에 대한 우방국의 북한무역 용인, 남북 간의 대결외교 종결, 북한의 대미·대일 관계 개선 협조 등 6개 조항이 주요 내용이었다.

7·7 선언 후 최초의 남북 경제 교류는 1988년 대우가 홍콩 중개상을 통해 북한의 도자기 519점에 대해 정부의 반입 승인을 받은 것이다.* 그 후 효성물산이 1989년 북한산 전기동 200t을 반입하였으며, 1990년 남북 교역 관련 법제가 마련되며 교역 규모가 1억 달러를 넘어섰고 2005년에는 10억 달러, 2008년에는 18억 2000만 달러로 최고액을 기록했다.

1989년에는 현대그룹 정주영 회장이 평양을 방문하여 남북 경협에 대해 논의하고 '금강산 관광 개발에 대한 의정서'를 체결했다. 그 외에도 9박 10일 동안 북한에 체류하면서 정주영 회장은 △원산 수리조선소, 원산 철도차량 공장과 합작투자회사 설립, 생산 제품을 러시아로 수출 △시베리아와 극동 지역의 소금, 코크스, 천연가스 등 경제성이 있는 분야에 남북 공동 진출 등의 사업을 합의했다. 그러나 귀국 후 정주영 회장이 체결한 합의문을 국가안전기획부(안기부)는 '무효'라고 규정했으며, 북한에서 기자회견한 내용을 두고 '국가보안법'을 적용하려는 시도도

---

*통일부 홈페이지

1980년대 북한의 기념비적 건축물
1 릉라도 5·1경기장 2 만경대학생소년궁전 3 만수대의사당 4 주체사상탑 5 빙산관 6 개선문 / 북한자료

북한의 건축 사람을 잇다

있었다. 2차 방북을 비밀리에 추진하기로 했지만 일본 언론이 이를 폭로
해 북한의 반발을 불러왔으며, 노태우 정부의 북방정책도 미국의 압력
으로 흔들리기 시작하여 현대그룹의 경협사업은 바로 추진되지 못했고
1998년이 되어서야 추진할 수 있었다.*

1980년대 북한은 경제난을 타개하기 위하여 외자유치 노력을 했으
나 기존 체제 내에서의 변화였으므로 성과를 거두지 못했다. 내부적 변

＊남북경협뉴스, 2019.9.30

화는 중앙집권적 경제체제에서 지방분권 도입을 위하여 도경제위원회 제도 시행(1981)하고 연합기업소 제도를 전면적으로 도입(1985)했으며, 1984년 8·3 인민소비품생산운동을 시작하고 기업소와 기관의 독립채산제를 도입했으나 관료적인 습성, 당 중심의 기관 및 기업소 운영 관행 등으로 인해 성과를 거두지 못했다. 그리고 1980년대 북한 경제의 어려움을 가중시킨 것은 대대적인 기념비적 건물의 건축, 88 서울 올림픽에 대응하기 위한 1989년 청년학생축전 개최 그리고 높은 군사비 지출 등이었다.

김정일 위원장은 1980년 제6차 당대회에서 중앙위원회 위원, 정치국 상무위원, 비서국 비서, 군사위원회 위원으로 선출되면서 공식적인 후계자가 되었으며 통치에 상당한 권한도 위임받았다. 1980년부터 북한은 대대적인 기념비적 건축물을 건설하기 시작했다. 1980년부터 서해갑문 공사를 시작했고 김일성 주석의 70회 생일을 기념하여 주체사상탑, 개선문, 인민대학습당, 김일성경기장(개축), 평양빙상관을 건설했다. 또 광거리와 문수거리, 경흥거리 등 평양의 중심지를 재건축했다. 이러한 대규모 전시성 건축물 건설은 단기간에 김정일 위원장의 업적을 보여 주기 위한 사업들이었다.

그리고 남한의 88 서울 올림픽에 대응하여 1989년 세계청년학생축전을 유치했으며, 행사를 위하여 순안공항 확장, 광복거리 조성, 릉라도경기장(5·1경기장)과 각종 체육경기장, 고려호텔(1985년 준공), 류경호텔(현재 미준공), 청년중앙회관(1989년 준공), 평양국제영화회관, 동평양대극장, 평양교예극장, 양각도축구경기장, 평양국제통신센터, 만경대학생소년궁전 등 대규모 건설 공사를 진행했다.

북한의 건축 사람을 잇다

남한은 88 서울 올림픽을 위해 경기장, 선수촌 아파트, 호텔 및 사회기반시설 건립에 대규모 자본을 투입했다. 하지만 올림픽 경기에 따른 관광객 증가, 선수촌 아파트의 분양대금, 경기장 및 선수촌 아파트 주변 개발을 통한 수익, 올림픽으로 인한 이미지 향상으로 기업들의 수출 증대와 경제성장 효과 등을 얻으며 투자비 회수가 가능했다. 그러나 북한은 폐쇄적인 사회체제를 유지했기에 관광이 활성화되지 않았고 부동산 개발을 통한 수익도 거둘 수 없었으며 수출 증대 등 경제적인 효과도 기대할 수 없어 경제적인 부담이 가중되었다.

또한 북한은 경기장 건설비 외에 참가자의 체제비와 일부 참가자의 참가비도 부담, 행사에 45억 달러가 소요되었다. 1989년 8월 북한은 재정 충당을 위해 채권을 발행하기도 했다. 축전에 투입되는 일부 비용을 소련, 동구권 등 사회주의 국가에서 지원받을 것으로 알려졌으나 1989년 동구권의 민주화운동 등으로 무산되어 북한 경제의 어려움은 가중되었다.

1980년대 북한 경제를 어렵게 한 또 하나의 요인은 군사비이다. 1980년대 GDP 대비 군사비 비중이 20%를 넘었고, 군복무 기간이 10년에 달하여 청년의 노동력도 활용할 수 없었다. 1980년대 북한은 국제적인 환경 변화, 대내적인 요인으로 인한 경제적 어려움을 극복하기 위하여 외자유치 추진, 내부 개혁 등을 시도했으나 기존 체제 속에서의 변화에는 한계가 있어 성과를 내지 못했다.

3. 1990년대의 외자유치 정책

1989년은 세계적으로 격변의 해였다. 1989년 6월 4일, 폴란드의 연대노조(독립자치노동조합 '연대')는 의회 선거에서 승리해 평화로운 정권이양에 성공했다. 이날은 중국에서 톈안먼 사태가 일어난 날이기도 하다. 이러한 선거를 통한 정권 이양은 과거와 다르게 소련이 개입하지 않음으로써 가능했다. 폴란드인민공화국의 공산당 정권이 붕괴하면서 헝가리인민공화국, 동독, 불가리아인민공화국, 체코슬로바키아, 루마니아 사회주의공화국에서도 민주화운동이 일어났다. 대부분의 동구권 국가들은 공산당의 개혁세력이 의회 선거를 인정하고 선거를 통해 정권을이양했다. 특히 헝가리는 동독과의 국경 통행을 허용하여 동독 주민들이 헝가리를 통해 서독으로 방문할 수 있도록 해 동독 정부를 불안정하게 만들었으며, 베를린 장벽 철거와 독일 재통일의 계기를 만들었다.

루마니아는 동구권 국가 중 공산정권이 폭력적으로 교체된 유일한국가였다. 차우셰스쿠의 연설 중 대규모 시위가 발생, 1989년 12월 16일부터 유혈 충돌이 일어났으며 12월 23일 차우셰스쿠가 체포되어 25일처형되면서 유혈 사태가 끝났다. 그리고 1988년부터 소련에 속해 있던에스토니아, 라트비아, 리투아니아, 아제르바이잔, 아르메니아, 조지아(그루지야), 몰도바, 우크라이나, 벨라루스 등에서 민주화 시위가 일어나 연방 해체를 주장하고 있었다.
1989년 12월 2~3일 지중해 섬나라 몰타의 어촌 마르사실로크 앞바다에 정박한 크루즈 선박 '막심고리키호'에서 미국의 조지 부시 대통령과 소련의 미하일 고르바초프 공산당 서기장은 이틀간의 선상 회담을 마친 뒤 공동 기자회견을 열어 냉전의 사실상 종식을 선언했다. 1990년에는 독일이 통일되었으며, 소련의 6개 연방 국가의 선거에서 공산당이 패배하고 이들 국가는 연방 탈퇴를 주장했다. 1991년 말에는 소비에트연방 중 가장 큰 나라인 러시아공화국의 대통령 선거에서 보리스 옐친이 당선되었고 러시아공화국이 연방 탈퇴를 선언하면서 소비에트연방은 해체되었다.

남한은 1988년 헝가리에 상주대표부를 설치하고 1989년 정식으로 수교를 하였다. 1989년에 폴란드, 유고슬라비아, 알제리와도 수교를 하였고 1990년에 불가리아와 수교했다. 88 서울 올림픽 참가를 계기로 1990년에는 소련과, 1991년에는 중국과 수교를 했다.

국제 정세의 급격한 변화에 따라 북한은 1989년 남북회담을 재개하고 1991년 남북기본합의서를 체결했으며 일본과 외교 정상화를 위한 교섭을 시작했다. 또 유엔개발계획의 두만강 개발사업 참여 및 라선자유경제무역지대 지정 등 노력을 했으나 사회주의권 붕괴에 따른 교역의 감소, 1차 북핵 문제, 김일성 주석의 사망, 자연재해 등으로 1990년대 북한은 최악의 경제위기를 겪게 된다. 사회주의권의 붕괴도 직접적인 원인이 되었다.

1980년대 북한은 국제 정세 변화와 중국의 영향을 받아 합영법 도입, 남북관계 개선, 국제기구와 협력 등 부분적인 개혁·개방을 시도했으나, 중국과 다르게 기존 사회주의 계획경제체제를 유지하면서 외국 자본과 기술만을 도입하고자 했고, 상황에 따라 정책의 전진과 후퇴를 거듭하는 등 일관성이 없어 경제 침체가 계속되었다.

1989년 중국의 톈안먼 사태, 동구권의 체제 전환, 소련의 연방 해체 움직임으로 북한은 정치, 경제적으로 위협을 느끼게 되었다. 특히 교역의 대부분을 차지하는 사회주의권과의 교역이 감소했으며, 서방 국가와는 외채 상환을 하지 못해 교역을 확대하지 못하고 있었다. 북한은 1985년부터 소련과 교역을 확대하여 1989년 소련과의 무역액이 전체 교역액의 50%를 차지했으며, 원유, 코크스 등 생산을 위한 원자재 수입 비중도 높았고, 사회주의 교역 원칙에 따라 청산결제와 사회주의 우호 가격에 의한 교역을 하고 있었다.

1991년 러시아가 소비에트연방에서 탈퇴하면서 무역을 사회주의 우호 가격에 의한 청산결제 방식에서 국제가격에 의한 경화결제 방식으로 변경할 것을 요구해, 원유의 상당 부분을 소련에 의존하고 있던 북한은 큰 타격을 입었다.

북한은 1987년까지 소련으로부터 원유를 매년 80만~100만t 수입했으나 1990년 42만t, 1991년에는 4만 2000t, 1992년에는 3만t으로 줄어들었다.* 소련과의 교역도 1990년 25억 6000만 달러로 북한 전체 무역에서 56%를 차지하였으나 1992년에는 2억 9000만 달러로 거의 90%가 감소했다.** 이 영향으로 1991년 북한의 교역액은 전년 대비 42.96% 감소했다.*** 이에 따라 북한은 심각한 에너지난으로 산업시설 가동이 저하되었으며 운송수단 운행과 각종 농자재 지원도 어려워졌다.

---

*북한경제학습, 연하청, 2020, 한국학술정보, 164p **북한경제학습, 164p ***북한경제학습, 180p

북한의 건축 사람을 잇다

이러한 국제환경 변화의 대응으로 북한은 중국과 유사한 경제특구를 개발하기 위해 1992년 라진·선봉자유경제무역지대(라선경제특구)를 지정했다. 라선경제특구는 중국 경제특구의 영향도 받았지만, 유엔개발계획에서 1980년대 말부터 추진했던 두만강유역개발계획(TRADP·Tumen River Area Development Programme)과 관련이 깊다.

두만강유역개발계획이 본격적으로 논의되기 시작한 것은 1990년 7월 중국이 훈춘 개발계획을 발표하면서부터다. 중국 입장에서 훈춘 개발을 위해서는 동해로 나가는 해상교통로가 필요했다. 동해로 나가는 출구를 막고 있는 러시아와 북한의 협력이 절실했다. 이를 위해 중국은 유엔개발계획에 중재를 요청했고, 1991년 7월 몽골 울란바토르에서 열린 유엔개발계획의 동북아소지역계획회의에서 두만강유역개발계획이 유엔개발계획의 사업으로 채택되면서 다자협의체가 출범했다. 이 사업에는 접경 국가인 북한, 러시아, 중국 외에도 한국과 몽골이 참여했으며 1992년 회원국 간의 협의를 위해 계획관리위원회(PMC·Programme Management Committee)를 구성했다. 일본은 홋카이도, 아키타, 니가타의 발전을 위해 두만강유역개발계획 사업에 관심은 있었으나, 사업 전망이 불투명하고 자금 부담을 우려해 옵서버로 참여했으며, 주로 민간 차원의 협력을 추진했다.

두만강유역개발계획은 북한, 중국, 러시아 접경지역인 두만강 하구의 토지를 공여 혹은 임대해 대규모 자본을 투여, 3국이 공동 관리하는 중심도시(Core City)를 건설하고 이 지역을 암스테르담이나 홍콩 같은 수준으로 개발한다는 것이 당초 구상이었다. 중국의 훈춘, 북한의 라진,

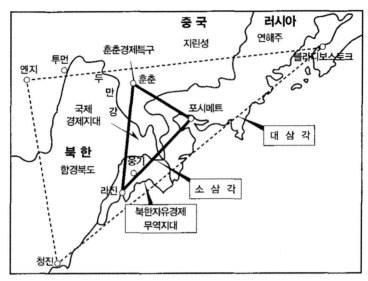

中국 러시아
지린성 연해주
훈춘경제특구
투먼 블라디보스토크
옌지
두 훈춘
만
국제 강 포시메트
경제지대
대 삼 각
북 한
함경북도 웅기
소 삼 각
라진
북한자유경제
무역지대
청진

1990년 두만강개발계획 / 기획재정부

러시아의 포시메트를 잇는 삼각지역을 우선 개발하고, 장기적으로 중국의 옌지, 북한의 청진, 러시아의 블라디보스토크를 잇는 지역을 개발하는 계획이었다.

이 계획은 몽골과 중국의 동북지역에는 동해로 진출하는 교통로를 제공하고, 일본과 한국은 라진항 등을 이용해 중국 대륙철도를 이용할 수 있으며, 러시아는 저개발된 극동지역의 개발을 용이하게 하고 부동항을 확보할 수 있는 윈윈 구상이었다. 그러나 3국의 이해관계가 달라서 접점을 찾기 어려웠고 대규모 재원 조달에 구체적 방안이 마련되어 있지 않았다. 이 때문에 1995년 당초의 토지 출자와 공동 관리 계획은 철회되었다. 다만 각국이 독자적으로 개발해 온 경제특구 간의 물적, 인적, 정보 교류를 원활히 할 수 있도록 지원하여 연계성을 높이는 것으로 사

북한의 건축 사람을 잇다

업의 방향을 변경했다.*

중국은 두만강 유역 공동 개발보다 훈춘에서 동해로 진출할 수 있는 교통망 확보에 관심이 있었다. 러시아는 인구가 희박한 극동 지방을 공동 개발하는 경우 중국인들이 진출하는 것을 우려했다. 북한은 라진, 선봉 지역을 독자적으로 동북아 교통, 물류의 중심지로 개발하려는 의도여서 1995년 이후에도 3국의 긴밀한 협력관계는 구축되지 못했다. 중국과 러시아는 라진항과 청진항 이용에 관심이 있었으나 1990년대에는 경제력이 부족했다.

두만강유역개발계획은 개발 잠재력에도 불구하고 2000년대 초반까지도 별다른 성과를 거두지 못했다. 2005년 개발 범위를 러시아, 중국, 북한이 접하고 있는 두만강 하류지역에서 중국의 동북3성과 네이멍구, 몽골 동부, 러시아 연해주, 한국의 강원 영동, 경북, 울산, 부산 등 동해안까지 확대하고 사업 명칭을 광역두만개발계획(GTI·Greater Tumen Initiative)으로 변경했다. 광역두만개발계획은 광범위한 지역을 연계하는 물류망과 관광사업을 중심으로 추진되었으나 성과를 거두지 못했다. 2009년 북한의 탈퇴로 현재는 한국, 러시아, 중국, 몽골 4개국으로 구성되어 있으며 사무국은 중국 상하이에 있다.

북한은 1991년 두만강유역개발계획에 참여했으나 라진·선봉경제특구 개발에 관심이 있었다. 라진 지구와 선봉 지구는 모두 일제강점기에 개발된 항구였다. 선봉 지구는 일제강점기 때 경흥군 웅기면이었으며

---

*두만강개발계획의 최근동향과 재원조달방안, 고일동, 1999, 한국개발원, 4p

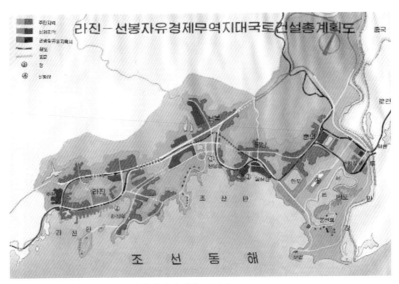

라진 - 선봉자유경제무역지대국토건설총계획도

1990년대 초 라진·선봉자유무역지대 개발계획 / 북한자료

1921년 군항으로 개발되었고 1931년 경흥군청이 옮겨 오면서 웅기읍이
되었다. 일제는 대륙 진출을 위한 항구로 청진항과 웅기항을 검토했으
나, 청진항은 기존 물류를 처리하기에도 규모가 작았고 웅기항은 군항
이고 파도가 높아 항구를 새로 개발하기로 하고 경흥군 신안면 라진에
항구를 건설했다. 항구를 건설한 후 신안면이 라진면이 되었다.

1945년 8월 소련군이 웅기항을 통해 북한에 상륙했다. 웅기면은
1952년 웅기군이 되었으며 1981년 처음 소련군이 상륙한 것을 기념해
선봉군이 되었다. 라진군은 1967년 라진시가 되었다. 두 항구는 1990년
까지 작은 항구에 지나지 않았으나 경제특구로 지정되면서 주목을 받게
되었으며 1993년 라진과 선봉은 통합되어 라진선봉시가 되었다.

북한의 라진선봉(라선)경제특구개발계획은 단순한 경제특구 개발

라진 - 선봉 자유경제무역지대
투 자 환 경

- 주요내용 -

대외경제정책
개발계획
지리적환경
법적환경
경제적환경
관련법규

조 선 · 평 양
1995

건물임대료 및 위탁건설비표

N	지 표	단 위	요 금
1	공장건물임대료	원/㎡, 월	2.00
2	주택임대료		2.30
3	사무실, 청사 임대료		3.00
4	창고임대료		1.70
5	공장전문위탁건설비	원 /㎡	450~500
6	주택전문위탁건설비		650~700

(2) 로지사용료

토지사용료는 국가소유의 토지를 이용한것으로 하여 국가에 지 는 료금이다.
우리 나라에서 토지사용료는 토지의 국가소유권을 행사하는 경 공간이다. 토지임대차판제의 본질은 국가가 이용권만 넘겨주고 -권은 의연히 가지고있는데에 있다. 임대차판제의 경제적표현은 임 를 임대기관이 받는데서 나타난다면 국가소유권의 경제적표현은 사용료를 해마다 소유인 국가가 입차자로부터 받는데서 나타 다.

① 로지사용료금

우리 나라에서 토지사용료금은 (해년)평메터당 1원으로 계산하 받는다. 토지사용료는 4년동안 변동시키지 않으며 변동시키는 경 그 폭은 20%를 넘지 않도록 한다.
토지사용료금은 계약한 면적에 대하여서만 적용된다.

② 로지사용료 특혜

일차한 기본면적 토지외에 립시창고와 같은 보조시설에 대한 사 -논 1,000㎡까지는 적용하지 않으며 그를 넘을 때에는 제절된 사 -금을 받는다.
장려부문에는 투자규모와 내용, 경제적효과성에 따라 토지사 -를 10년까지 면제하거나 덜어줄수 있다.

1995년 발행한 라진·선봉자유경제무역지대 투자안내 책자

이 아닌 개혁·개방을 위한 북한의 의지를 보여 주는 시범사업으로 의미가 있는 것이었다(북한은 개혁·개방이라는 용어를 싫어하지만). 북한은 1991년 12월 라진~선봉~두만강 하구 지역을 자유경제무역지대로 공포했다. 그리고 변화된 국제 정세와 경제환경에 대응하기 위하여 1992년 4월 헌법을 개정했다. 1992년 개정된 헌법의 주요 내용은 마르크스-레닌주의를 주체사상으로 대체하고, 군사 관련 권력을 국방위원회에 집중시키고 별도 조직으로 독립시켜 김정일 후계체제를 강화했으며, 제한적으로 경제개방 정책을 수용하는 것이었다.*

———

* 1992년 헌법의 경제개방 관련 조항 ① 제16조 조선민주주의인민공화국은 자기령역 안에 있는 다른 나라 사람의 합법적인 권리와 이익을 보장한다. ② 제37조 국가는 우리나라 기관, 기업소, 단체와 다른 나라 법인 또는 개인들과의 기업 합영과 합작을 장려한다.

헌법에 경제개방 관련 조항을 둔 것은 라선경제특구 개발을 염두에 둔 것이었으며, 합영법만으로 외자유치가 어렵다고 판단해 새로운 법규를 제정했다. 1992년 10월에는 외국인투자법, 합작법, 외국인기업법을 제정했다. 1993년에는 자유경제무역지대법, 외국인투자기업 및 외국인세금법, 외화관리법, 토지임대법, 외국인투자은행법, 자유경제무역지대 외국인 출입 규정, 외국투자기업 노동 규정 등 외국인 투자 관련 법규를 제정·공포했다. 외국인 투자 관련 법규는 1990년 말까지 50여 개에 달했다.

경제특구 개발을 위해 '자유경제무역지대법'을 제정하였는데, 이러한 명칭을 사용한 이유는 라선경제무역지대만이 아닌 다른 자유경제무역지대에도 적용하기 위한 의도였다. 외국인투자법, 외국인기업법도 라선경제특구에 적용되는 법규들이었다. 그러나 1990년대 말까지 투자유치에 성과를 거두지 못하자 라선경제특구에만 적용되는 '라진선봉경제무역지대법'을 별도로 제정했다.

경제특구 개발을 위해 '조선대외경제협력추진위원회'를 조직하였고 1993년에는 라선경제특구의 대외투자안내서를 발간했다. 투자안내서에 의하면 지대(地帶)의 면적은 746㎢이고, 내부에 10개 이상의 별도 산업구가 있으며 공업 외에 농업, 수산업, 운송업 등의 투자도 가능하도록 계획하고 있었다. 그리고 관광 분야는 백두산, 금강산, 칠보산 등이 포함되어 있다.

1단계 사업은 1995년까지로 교통운수 및 통신 등 하부구조를 건설하고 대규모 경공업단지를 구축하고, 2단계(1995~2000)는 완전 자유무역지대 및 동북아 물류 중심지로 개발하고, 3단계(~2010)는 산업 현대화

북한의 건축 사람을 잇다

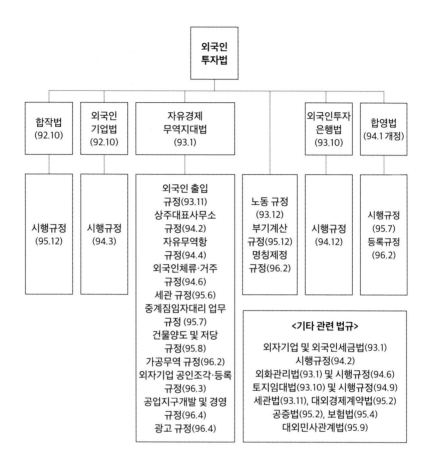

```
                          외국인
                          투자법
        ┌───────┬───────┬────────┬────────────┬──────────┬────────┐
     합작법   외국인   자유경제            외국인투자   합영법
    (92.10)   기업법   무역지대법           은행법     (94.1 개정)
             (92.10)   (93.1)              (93.10)
```

| 합작법 (92.10) | 외국인 기업법 (92.10) | 자유경제 무역지대법 (93.1) | | 외국인투자 은행법 (93.10) | 합영법 (94.1 개정) |

시행규정
(95.12)

시행규정
(94.3)

외국인 출입
규정(93.11)
상주대표사무소
규정(94.2)
자유무역항
규정(94.4)
외국인체류·거주
규정(94.6)
세관 규정(95.6)
중계짐임자대리 업무
규정 (95.7)
건물양도 및 저당
규정(95.8)
가공무역 규정(96.2)
외자기업 공인조각·등록
규정(96.3)
공업지구개발 및 경영
규정(96.4)
광고 규정(96.4)

노동 규정
(93.12)
부기계산
규정(95.12)
명칭제정
규정(96.2)

시행규정
(94.12)

시행규정
(95.7)
등록규정
(96.2)

<기타 관련 법규>
외자기업 및 외국인세금법(93.1)
시행규정(94.2)
외화관리법(93.1) 및 시행규정(94.6)
토지임대법(93.10) 및 시행규정(94.9)
세관법(93.11), 대외경제계약법(95.2)
공증법(95.2), 보험법(95.4)
대외민사관계법(95.9)

를 통해 21세기를 대비한다는 구성이었다. 관리는 북한 대외경제위원회
와 지대당국(地帶當局)이 담당하며 자문위원회를 둘 수 있도록 규정했
다. 개성공업지구의 관리위원회는 개발업자가 구성하도록 규정되어 있
다. 그리고 2011년부터는 라선경제특구의 관리위원회도 개발업자와 북
한당국이 공동으로 구성하도록 하고 있으나, 1993년에는 라선경제특구
의 관라위원회(지대당국)을 북한이 독자적으로 구성하는 것으로 규정

김일성 주석 사망 보도 / 경향신문

되어 있다. 자문위원회는 투자기업이 참여할 수 있도록 규정했다. 공장
및 기반시설 건설은 투자자가 북한에 요청하면 북한 건설업체(기업소)
가 하는 것으로 돼 있었다.

그러나 1993년 북핵 문제가 악화되고 1994년 김일성 주석 사망과
자연재해가 겹치면서 한동안 경제특구 추진은 어려워졌다. 또한 북한
이 외채를 상환하지 못하고, 합영기업 운영 과정에서도 계약을 이행하
지 않거나 투자자의 방문을 거부하는 등 국제적 신뢰를 잃었으며 전력,
용수 등 인프라도 갖춰지지 않았으므로 투자유치는 거의 이뤄지지 않았
다. 그리고 초창기에는 남한 기업의 진출에 부정적이었던 것으로 알려
져 있으며, 1993년 1차 북핵 위기 후 남북관계가 나빠지면서 남한 기업
의 투자가 이뤄지지 않았다.

북한의 건축 사람을 잇다

1998년 8월까지 통일부로부터 라선경제특구에 사업자 승인을 받은 기업은 LG상사(양식업, 자전거부품), 삼성전자(전자공장, 통신센터), 대상물류(물류센터), 한국토지공사(공업단지 건설), 두레마을(농장) 등이었다. 그러나 1998년 9월 이후 북한 당국이 남한 기업인의 라진·선봉 방문을 금지하면서 모두 중단되었다.

북한은 경제위기 극복을 위해 남한과의 교역 확대도 추진했다. 1989년 현대그룹 정주영 회장이 북한과 '금강산 개발 의정서'를 체결했으나 남한 정부는 인정하지 않았고, 심지어 국가안전기획부에서는 국가보안법 적용을 검토하기도 하였다. 그리고 정주영 회장이 대통령 선거에 출마하면서 현대그룹의 대북사업은 한동안 중단되었다.

남북 교역은 1990년 1억 달러를 넘어선 이후 남북관계, 국제 정세와 관계없이 확대되었다. 남북 교역은 단순 교역에서 의류, 봉제, 신발, 전기, 전자 등 위탁가공 분야로 확대되었고 직접 투자하는 남북 경협사업으로 발전했다. 1995년에 2억 달러를, 1997년에는 3억 달러를 넘었으며 IMF 외환위기가 발생한 1998년 잠시 줄어들었으나 1999년 회복했다.

1992년 대우그룹 김우중 회장이 방북하여 남포공단 개발을 합의하고 통일부로부터 남북협력사업자 승인을 받았다. 남포공단은 남북 교역이 아닌 북한에 직접 투자를 하는 남북협력사업자 승인을 받은 최초의 사업이었다. 대우그룹은 1980년대 동구권과 신흥시장 개척에 주력했으며, 1990년대 세계경영을 내세우며 사회주의 국가에 대한 투자를 확대하고 북한에 대한 투자도 적극적이었다. 그러나 1993년 남한 정권이 교체되고 북핵 문제가 악화되면서 한동안 사업이 추진되지 못했다. 대우 남포공단 사업이 재개된 것은 제네바 합의로 경수로 지원사업이 시작된

라선경제무역지대 진출 관련 남북협력사업자 승인 현황

번호	기업	북측 대상자	사업 내용	금액	사업 승인일
1	동양시멘트	대외경제협력 추진위원회	시멘트사일로 건설	300만불	95.9.15
2	동룡해운	해양무역회사	하역설비	500만불	95.9.15
3	삼성전자	조선체신회사	통신센터	700만불	96.4.27
4	신일피혁		피혁, 의류봉제	300만불	98.10.28
5	백산실업	신봉군 온실농장	버섯류 생산	20.8만불	97.8.1
6	삼성전자	조선체신회사	통신설비 생산	500만불	97.10.14
7	한국토지공사	대외경제협력 추진위원회	시범공단 조성		97.10.14
8	대상물류	대외경제협력 추진위원회	국제물류유통기지 개발	420만불	97.10.14
9	삼천리자전거 LG상사	광명성총회사	자전거 생산	800만불	97.10.14
10	대영수산 LGF상사	광명성총회사	가리비 양식	65만불	97.10.14
11	두레마을	라선경제 협조회사	협동농장 운영	200만불	98.4.8

자료 : 통일부

1995년이었다. 대우는 남포공단 외에 북한의 서해 유전 개발에도 관심이 있었다고 한다.*

대우남포공단은 당초 대규모 공단으로 개발할 예정이었으나 3개 공장 운영에 그쳤다. 1998년 이후 대우그룹의 경영이 악화되자 북한에서 대우의 방북을 승인하지 않아 어려움을 겪었으며, 2000년 대우그룹이 해체되면서 사업이 종료되었다. 대우남포공단에 참여했던 관계자는 북한의 '대안의 사업체계'가 경영을 어렵게 한 원인이었다고 말했다.** '대안의 사업체계'에 의한 어려움은 재일교포 합영기업 투자자들도 말하는

---

* 김우중 방북, 실패로 끝났나, 시사저널, 1997.11.13
** 북한경제와 협동하자, 이찬우, 2019, 시대의창, 56p

북한의 건축 사람을 잇다

남북 교역 추이

단위 : 1000달러

연도	반입	반출	계	비고
1991	105,719	5,547	111,266	1990년 8월 교류협력법 제정
1992	162,863	10,563	173,426	남북기본합의서
1993	178,167	8,425	186,592	김영삼 대통령 취임 클린턴 대통령 취임
1994	176,298	18,249	194,547	김일성 주석 사망 제네바 합의
1995	222,855	64,436	287,291	
1996	182,400	69,639	252,039	경수로 생활단지 착공
1997	193,069	115,270	308,339	
1998	92,264	129,679	221,943	김대중 대통령 취임 IMF 외환위기 금강산 관광 시작
1999	121,604	211,832	333,437	
2000	152,373	272,775	425,148	6·15 정상회담
2001	176,170	226,787	402,957	
2002	271,575	370,155	641,730	노무현 대통령 취임
2003	289,252	434,965	725,217	
2004	258,039	439,001	697,040	12월 개성공단 첫 제품 생산
2005	340,281	715,472	1,055,754	

자료 : <남북교류협력동향>, 통일부

내용이다.*

　　대우남포공단 외에 1990년대 중반 북한에 투자한 사례는 태창의 금강산샘물 공장이 있다. 태창은 1995년 북한과 금강산샘물 공장 사업에 합의하고 통일부 승인을 받았다. 금강산샘물 공장이 남북협력사업자 승인 2호 사업이었다. 금강산샘물 공장은 많은 어려움이 있었다. 건설 자재를 남포로 운송한 뒤 육로로 금강산까지 운송해야 했으며, 공장 방문 시에도 평양에서 육로로 금강산까지 가야 했다. 공장 건설 후에는 물

＊북한 현대사, 와다 하루키, 2014, 창비, 225p

자 운송을 위해 금강산에서 원산까지 철도 보완 공사도 진행해야 했다고 한다. 1998년 태창이 금융위기의 여파로 어려움을 겪었으나, 현대의 금강산 관광이 시작된 후 금강산 관광선으로 샘물을 운송하여 남한에 시판했다. 그러나 북한이 원수 가격을 100배 올리면서 사업은 중단되었다.

변화된 국제환경에 대응하기 위하여 북한은 일본 및 미국과 관계 정상화를 추진했다. 1988년 남한은 7·7 선언에서 북한의 미국과 일본 수교에 반대하지 않는다고 했다. 북한은 한반도에 두 개의 국가를 인정하는 행위라며 북미, 북일 수교에 반대했으나 1988년부터 중국 베이징에서 미국과 참사급 협의를 시작했다. 북한은 남한과 갈수록 커지는 경제적 격차, 동서 냉전 해체에 따른 외교적 대응을 위해 실제로는 북미관계 개선을 추진했다.

미국은 1988년 10월 소위 '온건 구상(moderates initiative)'을 통해 대북 접촉을 공식적으로 허용했다. 북한은 미국과 1988년 12월부터 1992년 12월까지 베이징에서 총 28차례의 참사관급 외교관 접촉을 진행했다. 북한의 대미 접근은 1992년 들어 더욱 적극적으로 추진되었는데, 1992년 1월 김용순 당시 조선노동당 국제부장과 켄터 미 국무차관의 고위급 접촉이 진행되었다. 북한은 수교 후에 주한미군을 철수하지 않아도 좋다고 말했다고 한다. 이후 북한과 미국 사이에는 한국전쟁 참전 미군 유해의 송환, 미국 내 학술회의에 북한 측 대표의 파견, 미국 학자 및 전직 고위 관리, 의회 의원들의 방북, 북한 기독교도 대표단의 방미 등이 이루어졌다.

남한 정부는 남북관계 개선 전 북미가 수교하면 남북관계 개선이 어려울 것을 예상하고 남북관계 개선이 우선되어야 한다고 강력하게 미국에 요구하고 있었다. 당시 미국은 북한이 미국과의 관계 개선을 원한다면 남한과의 관계 개선을 위한 조치를 먼저 취해야 함을 강조했다. 남북관계는 1991년 말 '남북기본합의서'와 '한반도비핵화공동선언'을 발표하고 1992년 팀스피릿 훈련을 중단하면서 발전이 기대되고 있었다. 그러나 1992년 9월 열린 고위급회담이 이동복 국정원 특보의 훈령 조작으로 결렬되었고, 12월 대통령 선거를 앞두고 노태우 대통령의 레임덕 현상이 나타나면서 남북관계 개선 정책은 추진이 어려워졌다.

북한은 내부 경제체제의 변화도 추구했다. 내부 경제체제 변화는 1994년 김일성 주석 사망 후 3년 동안 발생한 자연재해로 인한 경제적 어려움을 극복하기 위한 것이었다. 북한은 1995년 홍수로 사망·실종자 685명, 수재민 520만 명, 1996년 홍수로 사망·실종자 116명, 수재민 327만 명이 발생했다. 1997년에는 고온, 가뭄, 해일 등으로 농작물 피해가 막대했다.

북한은 경제적 위기 극복을 위해 1996년 협동농장의 25~30명이었던 분조를 7~8명으로 줄이는 분조관리제를 개선했으며 장마당(시장)도 허용했다. 그리고 에너지난과 식량난 극복을 위하여 대규모 벌목을 벌였으며, 이로 인한 산림 황폐화는 북한의 지속적 자연재해의 원인이 되었다. 분조관리제 개선은 경제 여건이 좋지 못하여 성과를 거두지 못했다. 그러나 장마당은 어려운 북한 경제를 유지하는 데 상당한 기여를 했다. 그리고 중국 접경지역의 국경무역을 허용했다. 공식적인 교역에 어려움을 겪고 있었던 북한으로서는 부족한 물자 확보를 위해 국경무역 허용은 불가피한 조치였을 것이다.

북미 수교 협상도 1992년 미국 대통령 선거의 영향을 받았다. 1989년 냉전 종식 선언을 한 부시의 당선 가능성이 높았으나, 백만장자인 로스 페로가 출마하여 19%를 득표하면서 민주당의 클린턴이 대통령으로 당선되었다. 부시 대통령이 낙선한 후 1992년 12월 북미 간의 베이징 접촉이 중단되었다. 1993년 1월 팀스피릿 훈련 재개를 선언하고 2월 국제원자력기구(IAEA)에서 북한 핵의 특별사찰을 결의하면서 1차 북핵 위기가 발생했다.

국제원자력기구가 특별핵사찰을 결의하자 북한은 핵확산금지조약(NPT) 탈퇴를 선언했다. 이에 따라 북핵 위기가 고조되었으며 남북관계도 김영삼 대통령 취임 후 악화되었다. 미국은 핵 관련 시설에 대해 정밀 폭격을 검토했으나 남북 간 충돌 시 수백만의 사상자가 발생할 가능성이 있어 보류되었다.*

북미의 충돌 가능성이 높아지자 카터 전 대통령이 1994년 6월 방북, 김일성 주석과 핵 개발 동결과 핵사찰 원상 복귀에 전격 합의했다. 카터 전 대통령은 북한의 남북정상회담 제안을 가지고 판문점을 넘어 서울을 방문했다.

김 주석과 카터 전 대통령의 만남을 계기로 남북관계 개선이 기대되

---

*두 개의 한국, 돈 오버도퍼외, 2014, 길산

었으나 같은 해 7월 8일 김일성 주석이 사망했고, 조문과 관련해 남북관계는 더욱 악화되었다. 남한 정부는 조문을 거부했으나, 미국은 클린턴 대통령이 조의 성명을 발표하고 갈루치(전 미국 국무부 북핵특사)를 제네바 북한대표부에 보냈다. 그리고 10월 제네바에서 북미 간 대화를 통해 북한이 핵 개발을 포기하는 대신 북한에 경수로와 경수로 건설 전 중유를 공급하는 것을 주 내용으로 하는 제네바 합의를 했다. 제네바 합의에는 북한 체제 보장과 북미관계 정상화를 포함시켰다. 당시 평양에 미국의 연락사무소 설치를 발표하고 연락사무소장(리비어 차관보)을 내정, 5~6명으로 구성된 팀도 꾸렸으며 설치할 건물도 검토했으나 성사되지 않았다.*

평양에 연락사무소가 설치되지 못한 것은 북한의 소극적인 태도와 미국에서 중동과 발칸 내전으로 북한 문제가 외교적 중요성이 떨어진 것도 원인이었다. 중동에서는 1993년 이스라엘과 팔레스타인 해방기구가 가자 지구의 자치를 합의(오슬로 협정)하고 1994년부터 자치가 시작되었으나 팔레스타인의 독립이 아닌 자치에 반대하는 시위가 격화되고 있었다. 1995년에는 라빈 총리 암살 등으로 상황이 불안정해져 미국 외교에서 북한에 대한 관심은 저하되었다. 북한 또한 연락사무소를 적극적으로 추진할 의지가 없었다. 제네바 합의로 북핵 문제는 몇 년간 소강 상태에 들어갔으며 북미 간 접촉도 거의 이루어지지 않았다.

미국과 베트남이 1995년 1월 연락사무소를 설치한 후 6개월 만인

---

* 뉴시스 2019.2.22

1995년 7월 정식으로 수교한 사례를 보면 북한이 미국의 연락사무소 설치에 소극적이었던 것이 아쉽다. 역사에 가정은 필요 없는 것이지만, 1990년대 중반 북미, 북일 수교가 이루어졌다면 북핵 문제는 전혀 다른 방향으로 전개되었을 것이다.

일본은 미국과 북한의 베이징 접촉을 보면서 북한과의 관계 개선을 시작했다. 1989년 1월 일본사회당 정기총회에 김양건 등 북한 노동당 대표단의 입국을 최초로 승인했다. 다케시타 당시 총리는 국회 발언을 통해 '북한을 포함한 한반도에 대해 과거 식민지 지배에 대한 반성과 사과'의 뜻이 담긴 '신견해'를 발표하고 연설 중 조선민주주의인민공화국이라고 칭하기도 하였다. 북한도 무역 확대 및 식민지 지배 배상금 등 경제 지원을 기대했으므로 일본과의 수교에 적극적이었다.

1990년 10월 자민당의 전 부총리 가네마루 신과 사회당의 다나베 마코토 부위원장이 방북해 김일성 주석과 회담을 하고 자민당, 사회당 및 북한의 노동당 3당 명의로 '북일 수교 공동선언'을 발표했다. 북한 방문 기간 중 가네마루 전 부총리는 김일성 주석과 비공개 회담을 했으며, 북일 수교 시 일본이 50억~80억 달러의 배상금 지급을 약속했다고 알려졌다. 가네마루 전 부총리는 1983년부터 북한에 억류되어 있었던 후지산마루 선원 2명과 함께 귀국했으나, 자민당으로부터 당의 위임을 받지 않은 공동선언 발표는 비판을 받았고 굴욕외교라는 부정적 여론이 비등했다.

북일 수교 협상은 1990년부터 1992년까지 8차례 이루어졌으나 성과를 거두지 못하고 중단되었다. 북일 수교가 이뤄지지 못한 것은 일본 내 정치적 상황, 남한의 부정적 인식, 북핵 의혹 그리고 미국의 일본에 대한 압력 등이 원인이었다. 1992년 자민당의 막후 실력자였던 가네마루 신은 사가와규빈(일본 최대 택배업체 중 하나)으로부터 불법 정치자금을 받은 의혹으로 의원직을 사퇴하면서 자민당의 많은 의원이 탈퇴하여 1993년, 1955년 이후 최초로 정권이 바뀌게 되면서 국내 정치 상황으로 북한과의 수교 교섭을 추진하기 어려워졌다. 미국도 북미관계 개선 후 북일관계 개선이 되어야 한다는 입장이었으므로 수교 협상은 중단되었다.

4. 1998~2008년의 외자유치 정책

1998년부터 2008년까지는 북한이 파격적인 외자유치 정책을 추진하고
남한과의 경협을 강화한 시기다. 북한이 경제개방을 적극적으로 추진한
것은 1990년대 중반부터 경제난으로 교육과 의료체제 및 배급제가 붕
괴된 것이 큰 이유였다. 그리고 중국의 1990년대 개혁·개방을 통한 급
격한 경제성장, 1995년 미국과 수교 이후 경제가 발전하기 시작한 베트
남의 영향도 받은 것으로 보인다.

김영삼 대통령 시절 남북 교역이 증가하고 있었으나, 주로 북한 붕괴
론에 기초하여 강경한 대북 정책 기조를 유지하면서 본격적인 경제 교
류는 이뤄지지 못했다. 1998년 김대중 대통령이 집권하고 화해, 평화 정

1998년 판문점을 통해 방북하는 현대그룹 정주영 회장 / 현대아산

북한의 건축 사람을 잇다

책을 추구하면서 남북 경협이 본격적으로 추진되었다. 북한은 1998년 현대와 금강산 관광을 시작했으며 1999년에는 삼성과 공동으로 베이징에 소프트웨어 센터를 설립했다. 2000년 6·15 남북정상회담을 통하여 남북 도로·철도 연결과 개성공업지구 개발 등을 합의했다.

김정일 위원장은 남북정상회담 후 2001년 1월 중국의 상하이 푸둥지구를 둘러보고 '상하이에서 천지가 개벽되었다'는 발언을 했다고 한다. 그리고 그해 하반기 중앙과 지방의 간부 등을 중국에 보내 조사를 시작했다. 2001년 하반기 북한 관료들의 중국 방문 시 김정은 위원장의 건축가로 알려진 마원춘이 포함되어 있었다고 한다.

2002년 북한은 경제특구 개발을 위하여 신의주특별행정구기본법, 금강산관광지구법, 개성공업지구법을 제정·공포하였다. 라선경제특구 외에 3개의 경제특구가 추가되면서 북한 국토의 4개 끝 지역에 1개씩 경제특구가 지정되었다. 이때 제정된 법규는 경제특구 개발업자에게 행정권의 대부분 혹은 일부를 위임하는 파격적인 내용을 포함하고 있었다. 중국과 베트남의 경제특구는 투자자에게 토지 임대, 세금, 투자 조건 등에서 특혜를 주지만 투자자에게 행정권을 위임한 사례는 없었다. 개성공업지구의 모델로 알려진 중국 쑤저우공업원구의 경우도 행정권은 중국이 가지고 있으며, 개발을 위해 만든 연합협조이사회도 개발업체가 아닌 중국과 싱가포르 정부 간 협의체이고, 개발업체의 참여를 허용하지 않고 있었다.

신의주특별행정구기본법에는 특별행정구 장관이 입법, 행정, 사법권을 가지도록 규정하고 있어 홍콩과 같은 정도의 자율권을 부여하고 있었다. 특별행정구는 면적이 132㎢였다. 2002년 7월 북한은 특별행정구 장관으로 김정일 위원장의 양아들이라 알려진 네덜란드 국적의 중국 재력가 양빈을 임명했다. 그러나 2002년 10월 양빈이 중국에서 연행되고 탈세 등 혐의로 18년형을 선고받으면서 신의주경제특구는 개발되지 못했다.

양빈 연행의 배경은 정확히 알려져 있지 않다. 당시 중국은 양빈 체포는 특별한 것이 아니라고 발표했지만, 중국이 신의주경제특구 개발을 반대했기 때문인 것으로 추측되었다. 2002년 북한과 접한 동북3성(랴오닝성, 지린성, 헤이룽장성)은 낙후된 지역으로 신의주가 개발되어 외자유치가 집중되는 경우 동북3성 개발이 지체될 것이라는 우려가 있었기 때문에 양빈을 체포해 신의주 개발을 막았다는 추측이 많다.

2002년 11월에는 금강산관광지구법이 제정·공포되었다. 금강산 관

금강산을 관광하는 남측 관광객 / 현대아산

북한의 건축 사람을 잇다

개성공업지구 전경 / 필자 제공

광은 이미 1998년부터 시작되었으나 법적 근거를 마련하기 위해 제정한 것으로 보인다. 그러나 금강산관광지구법은 실제로 거의 적용되지 못했으며 북한(아시아태평양평화위원회)과 현대그룹의 합의로 운영되었다.

금강산관광지구법 발표와 같은 시기에 개성공업지구법과 하위규정이 발표되었다. 개성공업지구법에는 개발은 개발업자가 담당하고 관리·운영은 남한 사람들로 구성된 관리기관이 하도록 규정했고, 관리기관은 기업의 창설, 등록, 건축허가, 토지등록, 환경, 소방 관련 업무 등 상당한 행정권을 행사하도록 규정하고 있었다.

개성공업지구는 개발 전 법규가 제정되었고, 개발계획을 수립하여 개발한 최초의 개발 사례였다. 그리고 개성공업지구법은 남한과 북한이 협의하여 제정한 법으로 남북한의 제도 개선 협력의 중요한 사례가 될 것으로 생각된다.

이 시기 북한이 추진한 4개의 경제특구 중 남한과 추진한 금강산관광지구와 개성공업지구는 상당한 성과를 거두었다. 금강산 관광은 초기 해로를 이용했을 때는 비용이 많이 들고 한정된 인원만 방문할 수 있었으나, 2003년 육로 이용이 가능해지면서 관광객이 증가하고 수익성도 개선되어 북한도 안정적인 수입을 거둘 수 있었다. 그러나 금강산 관광은 2008년 7월 발생한 관광객 피격 사건으로 중단되어 현재까지 재개되지 못하고 있다.

개성공업지구는 2004년 본격적으로 개발되기 시작했으며, 2015년에는 5만 명이 넘는 대규모 북한 인력을 고용하고 있었다. 개성공업지구는 남한의 기술과 자본, 북한의 노동력과 토지를 결합한 모범적인 사례였다. 그리고 2010년 천안함 사태로 취해진 5·24 조치에도 불구하고 개성공업지구는 운영되었으나, 2016년 북한의 핵실험과 장거리 미사일(위성) 시험발사 후 중단되었다. 북한의 이 시기 경제특구 정책은 어느 정도 성과를 거두었으나, 남북관계 등 외부적 여건에 의해 중단되어 결국은 실패한 것으로 평가할 수밖에 없다.

중국은 개혁·개방 초기에 홍콩, 대만 등 화교자본의 투자를 받아 경제특구(선전(深圳), 주하이(珠海), 산터우(汕頭), 푸젠성의 샤먼(廈門), 그리고 하이난다오(海南島))를 개발했다. 1980년대와 1990년대 초 중국에서 톈안먼 사태가 발생했으나 대만은 경제 교류를 지속했고, 1996년 대만의 독립 움직임에 중국이 대만을 미사일로 위협(3차 타이완해협

2000년대 북한이 외자를 유치하여 개건한 상원시멘트 공장 / 북한자료

위기)하기도 했으나 대만과 중국은 상호 교류를 중단하지 않았다.

금강산 관광 중단, 5·24 조치, 개성공업지구 중단 등은 중국과 대만의 교류에 대한 정책과 대조된다는 점에서 아쉽지 않을 수 없다.

북한은 경제특구 외에도 외자유치를 추진하였다. 2000년대 중국 기업은 광물자원 개발을 중심으로 제조업, 유통업 등에 투자했으며, 북한의 최대 투자국이었다. 2000년대 빠르게 증가하는 중국의 대북 투자는 중국 상무부가 승인한 투자액이 2003년 112만 달러에서 2008년 4123만 달러로 크게 증가한 것에서도 알 수 있다. 상당수의 중국 기업들이 공장설비, 원자재, 운영자금을 제공하는 방식으로 북한과 합작사업을 진행하는 것을 고려할 때, 실제 집행된 중국 기업의 대북 투자액은 사업계

2000년대 이집트의 오라스콤사는 북한에서 이동통신사업을 시작했다. / 북한자료

획 단계에서 승인된 금액보다 훨씬 컸을 것으로 추정된다.

중국이 채굴 계약을 체결하거나 투자를 실행하고 있는 북한 광산은 △함경북도 무산철광 △함경남도 상농금강 △량강도 혜산청년동광

북한의 건축 사람을 잇다

△평안북도 덕현철광 △평안남도 2·8직동청년탄광 △황해북도 은파(아연)광산 등이다. 2004년 중국 어선의 동해 입어사업을 계기로 수산업도 진행하였다. 그리고 제조업, 유통업에도 많은 기업이 진출했다. 유통업의 대표적인 사례로는 조선-중국상품경영판매센터 설립, 보통강공동교류시장 등이 있으며, 주로 중국의 경공업 제품을 수입하여 북한 전역에 유통하는 역할을 했다. 중국의 기업 투자는 2010년 이후에도 지속되었으나 2013년 장성택이 숙청되고 2016년 북한 핵실험에 따른 국제 제재가 심해지면서 대부분 중단된 것으로 알려졌다.

중국 외에 유럽 등 국가의 외자 유치도 추진했다. 특이한 것은 영국계 아일랜드 석유회사인 아미넥스가 2000년대 중반 석유 탐사를 위하여 투자한 사례가 있고, 영국계 회사들은 은행 설립과 투자펀드 조성을 추진하기도 했다. 프랑스의 다국적 시멘트기업인 라파즈는 상원시멘트 공장에 투자하였으며, 이집트의 통신회사 오라스콤은 이동통신에 투자했다. 오라스콤의 이동통신 투자는 규모가 크고 사업도 성공적으로 진행되었으나, 2017년 수익금 반출이 되지 않아 어려움을 겪고 있는 것으로 알려졌다.

남한도 많은 기업이 2000년대 이후 진출했다. 개성공단과 금강산을 제외하고 2010년 5·24 조치 시 철수한 남북경협기업은 500여 개사인 것으로 알려져 있다. 남한 기업은 의류, 봉제, 수산업, 건재 생산, 자원 개발 등 다양한 분야에 진출했다. 그러나 5·24 조치로 개성공단을 제외한 남북 경협사업은 모두 중단되었다.

북한은 경제위기 극복을 위해 내부적인 경제개선 조치도 추진했다.

2002년 7·1 경제관리개선 조치를 발표했다. 주요 내용은 첫째 물가와 임금의 현실화, 둘째 독립채산제 강화와 공장·기업소의 자율성 확대, 셋째 사회보장체계 및 배급제의 개편 등이었다. 이는 제한적으로 시장경제체제를 도입하는 전향적인 조치였으며, 이후 신의주, 개성, 금강산 등의 경제특구법 등을 발표하기도 했고 장마당을 확대하는 정책도 추진했다.

그러나 7·1 조치 후 시장화가 확대되는 현상이 나타나자 위기의식을 가지게 된 북한은 2005년 하반기 7·1 조치 시행을 중단하고 시장을 통제하는 정책을 취했다. 그리고 2009년 11월 30일 화폐개혁을 시행함으로써 종합시장조차 철폐하려 했다. 그러나 북한 당국이 재정 수입 증대와 함께 중앙집중적 계획경제로의 복귀를 의도했던 화폐개혁은 북한 경제에 심각한 부작용을 초래하고 2개월 만에 실패로 끝났다.

1998년부터 2008년까지는 국내 경제의 시장경제화 및 자율성 확대, 금강산과 개성공업지구 등 경제특구의 개발, 중국 기업 및 오라스콤사 등의 외자유치 등에서 성과를 거두고 최악의 경제위기에서 벗어나기도 했다. 하지만 정책이 전진과 후퇴를 거듭했고 핵 문제가 외자유치의 발목을 잡음으로써 결국은 성과를 거두지 못했다.

5. 2008년부터 현재

2008년 이후 북한의 외자유치 정책은 경제특구를 여러 곳으로 확대하고 개발에 북한이 참여하며 지방정부 차원의 개발도 허용하는 방향으로 변화했다. 그리고 2010년 이후부터는 내부 경제개혁 조치를 일관성 있게 추진하는 특징도 가지고 있다.

2008년 이명박 대통령이 집권하면서 남북관계는 경색되기 시작했다. 그리고 2008년 7월 금강산에서 관광객이 피격되면서 금강산 관광이 중단되었으며, 이에 대한 대응으로 북한은 2007년 12월부터 시작된 개성 관광을 중단시키고 개성공단의 남한 주재원 50%의 출입을 제한했다. 그리고 2008년 8월 김정일 위원장이 뇌졸중으로 쓰러져 수술을 한

2011년 라선경제무역지대 북중 공동 개발 착공식 / 북한자료

2011년 라선경제무역지대 북중 공동 개발 착공식 / 북한자료

것으로 알려졌다. 북한은 김정일 위원장의 건강이 악화되면서 권력계승을 준비했다.

2009년 오바마 대통령이 취임하고 4월 체코에서 '핵무기 없는 세상'을 위한 비전을 제시하면서 정상회담을 제의하는 날 북한은 장거리 미사일을 발사했고, 유엔에서 제재를 발표하자 5월 2차 핵실험을 강행했다. 오바마 대통령은 취임 전 북한과 대화를 통한 해결을 강조했으나 북한의 미사일 발사와 핵실험으로 북미관계는 악화되었다.

2010년 3월 천안함 사태 발생 후 남한이 5월 개성공단을 제외한 북한과 교류를 중단하는 5·24 조치를 취하면서 남북관계는 2000년 이후 최악의 상황을 맞이했다. 북미관계도 교착상태에 빠지게 되었다. 개성공단을 제외한 남북 경협과 교역이 중단되고, 북미관계도 진전이 없게

북한의 건축 사람을 잇다

라선경제무역지대 북중 공동 개발 착공식 당시 장성택 노동당 행정부장과 쑨정차이 지린성
당서기(2011. 6) / 북한자료

되면서 북한은 중국과의 경협을 확대했다. 중국으로 지하자원 수출이
급증했으며 2012년에는 북중 교역액이 북한 전체 교역액의 88.3%에 달
했다. 그리고 중국의 경제성장으로 중국 근로자 임금이 상승한 영향으
로 북중 접경지대에서 북한 근로자의 취업도 늘어났다.

　중국 기업 투자가 상당히 증가하고 있는 라선경제무역지대의 활성
화를 위해 2008년 중국과 라진항(1호 및 4~6호 부두) 개발과 철도·도로
(훈춘~라진) 건설을 합의했다. 2010년에는 라선을 라선특별시로 지정
했다. 2010년 라선과 황금평·위화도 경제특구 개발을 위해 북중 공동으
로 '개발합작연합지도위원회'를 구성하고, 개발과 관리를 담당하는 관
리위원회 공동 구성에도 합의했으며, 2011년에는 라선과 황금평·위화
도 경제특구의 착공식도 진행했다. 중국은 2010년 경제 규모(GDP)가

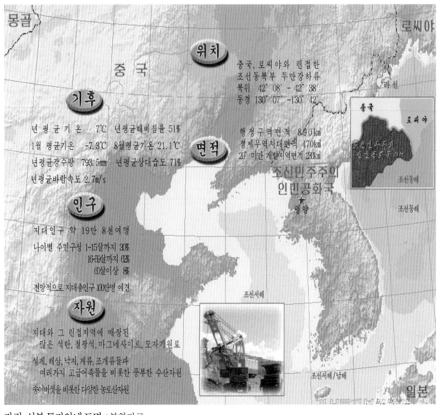

라진·선봉 투자안내 도면 / 북한자료

세계 2위가 될 정도로 성장했고 자원을 중심으로 해외 투자를 확대하고
있었으므로 북중 경제특구 공동 개발을 적극적으로 추진했다.

　북중 경제특구 공동 개발은 2011년 장성택 국방위원회 부위원장이
주도했으므로 2011년 12월 김정일 위원장의 사망에도 불구하고 라선과
황금평·위화도 경제무역지대 개발은 계속 추진되었다. 2012년에는 라
선경제무역지대법을 개정하고 황금평·위화도경제무역지대법을 제정

북한의 건축 사람을 잇다

투자안내서에 실린 라선무역지대 모습 / 북한자료

경제개발구 투자안내서 / 북한자료

했으며 개발계획도 발표했다.

2012년 라선경제무역지대법과 황금평·위화도경제무역지대법의 특징은 많은 부분이 개성공업지구법과 유사한 내용을 가지고 있다는 것이다. 관리위원회의 역할이 개성공업지구와 유사하게 규정되어 있고 특혜조건 등이 비슷하다. 또한 개성공업지구에는 없는 관리위원회의 독자성 강조(8조)와 계약의 중시와 이행(42조)이라는 규정이 있다. 이 조항은 공동 개발을 합의한 중국에서 요구한 규정일 가능성이 있다. 황금평·위화도경제무역지대법에는 다른 선진적인 나라의 설계 기준, 건축시공 기준, 기술 규범(55조)을 적용할 수 있도록 규정하고 있으며, 이 조항 역시 중국의 요구로 만들어진 것으로 보인다.

개성공업지구와 다른 점은 개성의 관리위원회가 남한 인원으로 구성되어 있는 데 반하여 라선과 황금평은 북한과 중국이 공동으로 구성하도록 하고 있는 점이다. 이것은 2000년대 초반과는 다르게 경제특구 개발에 북한의 역할을 확대하는 의도라고 볼 수 있다.

라선경제특구 황금평·위화도 경제특구는 북중 간 공동 개발에 합의한 후 본격적인 개발이 예상되었으나, 2013년 장성택 국방위원회 부위원장이 처형되면서 개발이 정체되었다. 장성택 국방위원회 부위원장은 중국과 가까운 것으로 알려져 있었으며 공동 개발을 주도하여 왔으므로 장성택 처형 후 북중관계는 소원해졌다.

김정은 위원장이 집권한 후 1년 5개월이 지난 2013년 5월 북한은 경제개발구법(개발구법)을 제정·공포하고 경제개발구 13곳을 지정하여 발표했다. 경제특구와 경제개발구를 구분하는 경우도 있지만, 북한의 개발구법에는 경제개발구를 특수경제지대로 규정하고 있으므로 경제개발구도 경제특구라 할 수 있다.*

경제개발구는 중국 의존도 탈피, 특구 개발의 북한 역할 확대 및 비

---

* 북한은 라선경제무역지대와 황금평·위화도경제지대를 관련 법에서 특수경제지대로 규정하고 있다. 개성공업지구와 금강산관광지구법에는 특수경제지대라는 용어를 사용하지 않고 있으며, 금강산관광특구법(2011년 제정)에서는 금강산을 특수관광지구로 규정하고 있다.

북한의 건축 사람을 잇다

총平面規劃圖
PLANNING RESEARCH

1 PASSENGER PORT (CUSTOMS INSPECTION)
2 GREENHOUSE ECO-THEMED RESTAURANT
3 RESORT TOWN
4 OUTLETS (SHOPPING, DUTY FREE)
5 KOREAN CULTURE PARK
6 WATERFRONT PLAYGROUND
7 EXHIBITION CENTER (REGIONAL AFFAIRS, ECONOMIC EXCHANGES)
8 LUXURY HOTEL
9 CULTURE FOLK VILLAGE
10 THEMED WINERY
11 ADMINISTRATION CENTER
12 PUBLIC FACILITIES (WATER TREATMENT, SEWAGE, FIREHOUSE, BOILER)
13 WETLANDS RESERVE
14 SCI-TECH INDUSTRIAL PARK
15 FREIGHT SHIPMENT PORT
16 RESIDENTIAL AREA
17 TRADITIONAL INDUSTRIAL ZONE

柳多島國際合作示範圖方案设计

경원경제개발구 개발계획(류다섬)

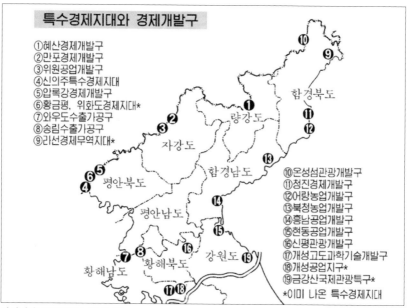

특수경제지대와 경제개발구

①혜산경제개발구
②만포경제개발구
③위원공업개발구
④신의주특수경제지대
⑤압록강경제개발구
⑥황금평, 위화도경제지대*
⑦와우도수출가공구
⑧송림수출가공구
⑨라선경제무역지대*

⑩온성섬관광개발구
⑪청진경제개발구
⑫어랑농업개발구
⑬북청농업개발구
⑭흥남공업개발구
⑮현동공업개발구
⑯신평관광개발구
⑰개성고도과학기술개발구
⑱개성공업지구*
⑲금강산국제관광특구*
*이미 나온 특수경제지대

함경북도
량강도
자강도
함경남도
평안북도
평안남도
황해남도
황해북도
강원도

경제개발구(2013.12) / 북한자료

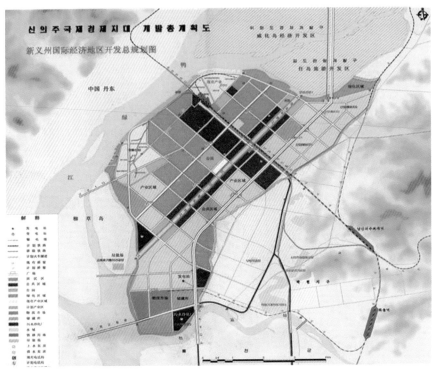

신의주 건설계획(2018) / 북한자료

효율적인 중앙계획경제 시스템 보완의 목적이 있는 것으로 보인다. 개발구는 그 이전의 경제특구와는 여러 가지 점에서 차이를 보이고 있다. 북한 전역에 개발구를 지정했다는 것이다. 경제특구는 5개(개성, 금강산, 신의주, 라선, 황금평·위화도)에 불과했으나 개발구는 2017년까지 22개를 지정했다. 특구와 개발구를 합하면 27개에 달한다.

지역도 북중 접경지대, 동해안, 서해안 연안 지역과 평양 인근 등으로 전국에 걸쳐 지정했고, 중앙에서 개발을 주도하는 중앙급개발구(4개)와 지방에서 주도하는 지방급개발구(18개)로 나누어져 있다. 지방급

개발구를 지정한 것은 지방정부(지방인민위원회) 차원에서 개발구 개발을 통한 외자유치를 허용하는 조치이기도 하다.*

규모도 기존 특구에 비하여 작았다. 기존 특구가 라선 746㎢, 개성 66㎢, 신의주 132㎢인 데 반하여 개발구는 주로 1.4~8.1㎢ 규모이다. 이는 투자 규모를 작게 하여 투자유치를 쉽게 하기 위한 의도가 있고, 또한 대규모 개발에 따른 인구 집중 등을 피하려는 목적이 있다.

그리고 개발기업을 합영회사로 만들어 추진할 수 있도록 하였고, 토지이용권을 출자할 수 있도록 규정하여 북한이 개발에 참여할 수 있게 했다. 경제개발구는 2000년대 초반과는 다르게 북한이 개발에 참여하거나 혹은 직접 개발 의지를 보여 주는 것이며, 실제로 자체적 건설사업도 진행했다.

평양 순안국제공항도 2012년 구청사를 철거하고 2015년 새로운 청사를 건립했다. 순안국제공항의 새로운 청사 건립은 김정은 위원장의 업적을 홍보하는 목적도 있지만, 평양 관광과 해외 투자자들의 방문을 위한 실용적 목적도 있는 것으로 보인다. 실제로 2012년 북한 관광객은 23만 명에 달하기도 하였다. 그러나 2013년 3차 핵실험 후 관광객이 감소했으며 2016년 국제 제재가 강화된 후에는 대폭 감소했다.

북한은 2014년 조선중앙TV를 통해 황해북도에 있는 신평관광개발구의 소식을 전했다. 신평관광개발구는 순안국제공항에서 120㎞ 떨어져 있으며 평양~원산 고속도로를 이용하여 방문할 수 있다. 등산로 등

---

*기존의 특구(라선, 개성, 금강산, 신의주, 황금평·위화도)를 중앙급개발구로 분류하기도 한다. 기존 특구를 중앙급으로 분류하는 경우 9개의 중앙급개발구가 있다.

강령녹색개발구 공간배치계획 / 북한자료

관광시설이 정비되었으며, 원산관광지구도 대규모로 개발하고 있다. 마
식령스키장을 2014년 1월에, 원산갈마공항을 2015년 9월에 준공했으
며, 2020년 현재 원산갈마지구에 대규모 관광시설을 건립하고 있다.

평양에 위치한 은정첨단기술개발구에는 국가과학원, 이과대학 및
국가과학원 산하 기업소가 있으며 과학자 주거시설, 편의시설 등이 갖
추어져 있다. 국가의 중요시설이 밀집해 있어 전력 공급, 도로 교통 여건
도 좋은 것으로 알려져 있다. 은정첨단기술개발구에서는 북한이 보유한
기술에 외국인의 투자를 제안하고도 있다.

그러나 2010년 이후 핵과 미사일 문제로 국제 제재가 강화되었다.
2013년 장성택 국방위원회 전 부위원장의 처형 후 북중관계가 나빠지면

북한의 건축 사람을 잇다

2013년 이후 건설된 북한 건축물 / 북한자료

서 경제특구와 경제개발구의 개발은 진행되지 못했고, 2016년 개성공단이 전면 중단되면서 북한에서 운영되고 있는 경제특구는 없는 상태이다. 김정은 위원장이 권력승계 후 외국 기업 유치를 위해 노력했으나 정권 안정에 의구심이 있고 북한의 잇따른 미사일과 핵실험으로 인해 국제 제재가 강해지고 있었으므로 유의미한 외자유치 실적은 거의 없다.

북한은 특구(개발구) 개발 등 외자유치 정책 외에 내부 경제개혁 조치를 추진했다. 2009년 권력승계를 위해 취한 화폐개혁 조치가 실패한 후 2010년 8월 박봉주가 노동당 경공업부 제1부부장으로 복권되었다. 2011년 김정일 위원장 사망 전후, 내각에 로두철 부총리 겸 국가계획위원장을 팀장으로 하는 경제 관리 개선 테스크포스(TF)를 꾸려 개혁·개방 문제를 연구하기 시작했다. 박봉주의 복권과 함께 2011년부터 경제 관리 개선에 대한 논의가 증가하기 시작했다.

우선 김정은 위원장은 1월 노동당 간부들과 가진 담화에서, 경제 부문 일꾼이나 경제학자들이 경제 관리 개선책을 내놓으면 자본주의적 방법이라 비판하는 풍토가 있다고 지적했고 비판만으로는 경제 관리 방법을 현실에 맞게 개선할 수 없다고 밝혔다. 그리고 금기 없는 논의를 통해 현실에 맞는 경제 개선책을 찾을 것을 지시했다.

2012년 12·1 경제관리개선 조치를 취했다. 주 내용은 경영 권한을 현장에 확대 부여한 것으로 계획 수립에서부터 생산 그리고 생산품 및 수익의 처분에 대해 기업의 권한을 대폭 확대한 사회주의 기업책임관리제라고 할 수 있다. 중앙의 계획경제 방침에 따라 생산 목표량이 정해지던 기존 방식을 탈피하여 각 기업소가 독자적으로 생산 계획을 수립하여 인원과 토지, 설비 투자, 원부자재 등을 자체 조달하고, 원자재 대금 등을 계약에 따라 지불하는 것이다. 그리고 수입 중 토지 이용료와 설비 사용료, 전기료 등을 국가에 납부하고, 남은 수익금을 자체적으로 처리하

2013년 건설 부문 일꾼 대강습회 / 북한자료

는 방식을 말한다.

생산 품목도 국가계획이 아닌 기업 스스로 정할 수 있도록 했으며, 판매 시에는 국정가격이 아닌 수요자와 협의에 의한 협의가격 혹은 시장가격을 적용할 수 있도록 했다. 또한 기업이 허가를 받아 직접 수출을 할 수 있도록 했다. 이 조치는 김정은 위원장이 2014년 '현실발전의 요구에 맞게 우리식경제관리방법을 확립할데 대하여'라는 제목으로 발표한 이른바 5·30 담화로 공식화되었다.

2013년 6월 28일, 6·28 방침(새로운 경제관리 조치, 포전담당제)을 발표했다. 6·28 방침은 협동농장의 통상 10~25명 분조를 4~6명의 가족단위로 축소하는 것으로 2002년 7·1 경제관리개선 조치로 도입된 포전담당제의 분조(7~8명) 규모를 더욱 축소한 것이다. 다시 말해 가족 혹은 친척 등 최소 생산단위로 구성함으로써 기존 집단농업체제가 상당히 완화되는 것을 의미한다.

그리고 농장에서 수확된 농산물은 국가 납부 몫을 제외한 나머지를 현물로 분배받고 제한적으로 운영되던 자율처분권을 크게 확대해, 목표 생산량을 초과 달성할 경우 국가와 농민이 일정 비율로 나누는 방식이다. 협동농장마다 분배 방식과 비율이 약간의 차이가 있다. 중국이 1970년대 말 개혁·개방 초기에 도입한 가족책임영농제(농가생산책임제)와 비슷하지만, 생산합작사를 해체한 중국과 달리 협동농장을 그대로 유지하고 있다는 것이 차이점이다. 이 조치로 농작물 생산량이 상당히 증가한 것으로 추정된다.

2014년 5월 30일 북한은 5대 개혁안을 공포했다. 개혁안의 주요 내용은 재정개혁, 독립채산제, 포전담당제, 무역개혁 그리고 금융개혁 등으로 12·1 조치와 6·28 조치의 내용을 포함하고 있었다.*

기업은 매출액의 70%를 국가에 납부하고 30%는 자체적으로 활용할 수 있도록 했고 시장에서 공식적으로 현금거래가 가능하도록 했으며, 기업이 종합시장에 판매대를 설치하여 직접 판매할 수 있도록 했다. 그리고 무역회사만 할 수 있었던 무역을 개별 기관, 기업소, 단체가 허가를 받으면 할 수 있도록 했다. 경제개혁 조치는 2015년 7.5%, 2016년 3.9%로 북한의 경제가 성장하는 계기로 작용했다.

---

* 북한 경제 개혁의 재평가와 전망: 선군 경제 노선과의 연관성을 중심으로, 임수호, 2015년 12월 30일, 대외경제정책연구원, p.61-64

북한의 건축 사람을 잇다

6. 시사점 및 대책

북한은 1970년대부터 시작된 경제적 어려움과 냉전 해체 과정의 국제 정세에 대응하기 위해 1984년 합영법을 도입했다. 1990년대 라선경제 특구 개발을 추진하는 등 개혁·개방 정책을 펼쳤으나, 사회주의 경제체제 틀 내에서 제한적으로 추진했고, 부작용이 발생하거나 우려가 있는 경우 정책을 후퇴시켜 제대로 시행하지 못했다.

정책 후퇴 사례는 1980년대 합영법을 시행했으나 투자자의 자율권을 보장하지 않고 투자자를 북한에 방문하지 못하도록 하여 1990년대 초반 많은 합영기업의 운영이 중단된 것, 1994년 제네바 합의 후 미국의 평양 연락사무소 설치에 소극적으로 대처하여 연락사무소가 설치되지 못한 것, 2002년 7·1 경제개선 조치를 시행했으나 2005년 시장을 통제하는 정책으로 변경한 것 등을 들 수 있다.

2010년 이후 북한은 국제 제재로 인하여 투자유치의 성과를 거두지는 못했으나 경제개혁 조치는 비교적 일관성이 있으며 지속적으로 확대되고 있는 모습을 보여 주고 있다. 또한 초기에는 외부에 공개되지 않는 세칙 형태로 추진되었다가 법제화되는 모습도 보인다. 그리고 시장이 활성화되고 있으며 비공식적 민간 부문 경제가 확대되고 있다. 뇌물에 의한 정경유착과 빈부격차 확대 등 부작용도 발생하고 있는 것으로 알려져 있으나, 소위 말하는 전주에 의해 민간 부문 경제가 정착되고 있고, 이러한 민간 부문을 공식화하려는 움직임도 있다.

또한 북한은 금강산과 개성공업지구를 통해 경제특구 개발을 경험했으므로 특구(개발구) 개발도 보다 합리적으로 추진할 것으로 예상된다.

북한이 기존에 추진했던 경제특구 정책은 현실적이지 않은 면이 있었다. 라선경제특구는 746㎢에 달하는 광대한 면적에, 개발 분야는 공업, 무역, 물류, 금융, 농업, 수산업, 임업, 관광 등 백화점식으로 나열되어 있었고 투자비도 수백억 달러에 달하는 계획이었다. 북한에 미치는 영향을 최소화하기 위하여 위치를 국경지대로 결정했으나 개성을 제외하고 인프라, 교통 여건, 배후지역의 경제적 잠재력 등이 고려되지 못했다. 라선과 신의주 개발을 추진하던 1990년부터 2000년대 초반 당시 중국은 여전히 개발도상국이었다. 동북 지방은 특히 낙후한 지역이었고, 러시아의 극동 지방(연해주)은 인구가 적었으므로 배후지역의 수요가 많지 않고 도로, 철도, 항만 등 교통 여건도 미비했다. 그러므로 입지 여건을 보면 투자유치에 어려움이 있을 수밖에 없었다.

1980년 개발을 시작한 중국의 선전(深圳)은 최초에 소규모로 개발되었으며, 처음에는 선박 수리로 시작하여 수출을 위한 제조업 위주로 개발되었고 거대 소비시장인 홍콩이 배후에 있어 운송도 유리했다. 개발은 주로 화교자본을 유치하여 추진하였고 기업 운영의 자율권을 상대적으로 많이 보장했다. 개발은 투자가 활성화됨에 따라 단계적으로 확대했고 경제특구를 다른 지역(주하이, 산터우, 샤먼 등)으로 넓히는 방식으로 추진했다.

최근 주목을 받고 있는 베트남과 싱가포르의 합작공단인 VSIP(Vietnam Singapore Industrial Park)도 유사한 경로로 개발되고 있다. 최초로 개발된 VSIP빈즈엉공단은 호찌민에 인접한 빈즈엉성에 1단계로 100만 평 규모의 제조업 공단으로 개발되었으며, 10년이 지난 후 박닌성에 추가 개발을 시작하여 7개의 VSIP공단을 개발했다.

개성공업지구는 중국 쑤저우공업원구의 중국·싱가포르 합작구를 모델로 개발되었다고 알려져 있지만, 입지 여건과 개발 진행 과정을 보면 선전에 더 가깝다는 생각이 든다. 개성은 초기에 100만 평을 관광과 제조업 위주로 개발하고 단계적으로 면적을 확대, 산업고도화를 추진할 계획이었다. 배후에 서울과 수도권이라는 대규모 소비시장이 있고 분계선에서 7㎞ 떨어져 있어 도로와 전력 등 인프라 구축이 용이했다. 또한 남한 자본을 유치하여 개발하였다는 점에서도 유사하다.

북한은 개성공업지구 1단계(3.3㎢, 100만 평) 개발에 대하여 당초 계획(66㎢, 2000만 평, 2011년 2000만 평 전체 개발 예정)에 비해 너무 작고 개발 속도가 느리다고 말했다고 한다. 개성공업지구가 1단계만 개발된 것은 외부 여건의 영향이지만, 개성시 인구(12만~15만으로 알려져 있다)를 고려하면 개성시 자체가 확대되어 많은 인구가 유입되지 않는 한 200만 평 이상 개발은 불가능한 상황이었다.

북한이 2013년 발표한 경제개발구에서 개발 규모를 축소하고 개발 분야를 명확히 하며 기존 공업도시(남포, 평양, 원산, 함흥, 만포 등) 주변 지역에 입지하도록 한 것 등은 기존 특구 개발의 문제점을 인식하고 있었기 때문으로 보인다. 이러한 환경은 향후 남북관계가 개선되는 경우 긍정적으로 작용할 것으로 예상된다. 남북 경협이 재개된다면 과거 합영법에 의한 합영기업에서 겪은 북한의 계약불이행, 방문 불허 등 불합리한 조치로 인한 어려움이 줄어들 것으로 보이며, 이에 따라 대규모 투자가 이루어질 것으로 예상된다.

북한에 투자가 가능해지면 남한만이 아니라 중국, 일본, 러시아, 싱가포르 등 주변의 많은 국가에서 적극적인 투자를 진행해 경쟁이 격화될 것이다. 남한은 북한이 성과를 거둔 금강산 관광과 개성공업지구 개발을 추진하고 경협사업을 진행한 경험이 많고, 지리적으로 인접해 있으며, 언어가 통하는 하나의 민족일 뿐 아니라 국가안보를 위해서도 북한과 교류를 해야 하는 절박한 이유가 있다는 측면에서는 유리한 부분도 있다. 하지만 2010년 이후 거의 관계가 단절되어 있었던 남한에 결코 유리하지만은 않을 것이다. 남한이 북한 개발에 주도적으로 참여하기 위해서는 북한에 대한 이해를 바탕으로 사전에 전략을 마련할 필요가 있다.*

북한 개발에는 선택과 집중이 필요하다. 북한은 현재 27개의 개발구(경제특구)를 지정했다. 개발구마다 공업, 농업, 관광, 자원 개발, 첨단산업(은정첨단산업구), 환경산업(강령록색개발구) 등 다양한 분야를 개발 목표로 하고 있다. 개발구에 필요한 인력 공급, 인프라, 투자 규모 등을 고려하면 동시에 수많은 개발구를 대규모로 개발하기에는 어려움이 있다. 북한의 제도와 관행이 변화하려면 시간도 필요하므로 개발이 가능한 몇 개의 개발구를 선정하여 집중적으로 개발하고 단계적으로 확대할 필요가 있다.

남북 경협이 재개되는 경우 금강산 관광과 개성공업지구가 가장 먼저 시작될 것으로 예상된다. 이미 2007년 남북정상회담 후 개성공업지구는 남북 교류 및 물류의 중심지로 개발하고 해주는 개성공업지구와

---

* 중국과 러시아는 국제 제재가 본격화된 2016년 이후에도 북한과 관계를 유지하고 있다. 일본은 북한에 대하여 강경한 입장을 유지하고 있으나 재일교포와 국회의원(가네마루 신고 등)의 교류는 지속하고 있다. 싱가포르는 NGO인 조선익스체인지를 통하여 교류를 하고 있다.

연계하여 제조업 위주로 개발하는 방안을 검토하기도 했으며, 인천 교동도와 연륙교로 연결이 검토되기도 했다. 2014년 7월 북한이 지정한 해주 인접지인 강령록색개발구를 개성공업지구와 연계하여 개발하는 방안을 우선 추진할 필요가 있다.

북한이 현재 대규모 관광시설을 건설하고 있는 원산은 인근에 갈마공항, 갈마항, 마식령스키장 등이 있으며, 남북 경협이 재개되는 경우 부산에서 블라디보스토크를 잇는 동해선 철도, 도로가 연결될 예정이다. 또 러시아의 천연가스 배관(PNG·Pipeline Natural Gas)의 통과도 예상되므로 개발 추진에 유리한 지역이다. 원산항은 일제강점기부터 일본과 연결되는 해상교통로였고, 평양으로 고속도로(약 190km)가 뚫려 있으므로 일본과 공동 개발을 검토할 필요도 있다.

경제개발구 건설은 인프라 구축이 필요하므로 우선 건설될 것으로 예상되는 경의선 도로·철도(서울~개성~평양~신의주~단둥) 축선상의 경제개발구를 개발할 필요가 있다. 남한은 그동안 육로를 통한 교역이 불가능해 수출을 위한 공업단지(산업단지)를 연안에 개발했다. 하지만 경의선으로 중국에 연결되면 육상 교역이 가능하므로 경의선 축선상의 경제개발구를 개발하는 것이 초기 인프라 건설의 부담을 줄일 수 있을 것이다.

그리고 경제개발구 개발 시 지역개발 방식을 도입할 필요가 있다. 지역개발 방식은 경제개발구 자체만이 아니라 주변 지역을 포함하여 개발을 추진하는 것을 의미한다. 예를 들면 개성공업지구 개발 시 공업지구만이 아니라 주변의 농업, 산림 등 경협사업 그리고 의료, 교육 및 주택 개량사업 등 인도적 지원사업을 결합하여 개발하는 방식이다.

금강산 관광사업과 개성공업지구는 농업, 산림, 의료 협력사업이 개발계획에 포함되지는 않았으나 일부 추진되었다. 금강산은 금강산영농장을 운영했고 온정리 병원 지원사업을 통하여 의료 지원을 하기도 했으며, 개성공업지구에서도 주변 산림 식재사업과 의료 지원사업을 시행했으나 소규모였고 체계적이지도 않았다.

2012년 한국농촌경제연구원의 '패키지형 남북농업협력 프로그램 개발과 추진방안 연구'에서 개성공업지구, 금강산, 라선, 평양 인근 개발 시 배후지역의 농업 협력 방안에 대해 검토했다. 경제개발구 개발 추진 시 개발계획에 배후지역 개발사업을 포함해야 한다. 중국과 싱가포르가 합작으로 쑤저우공업원구를 개발하면서 농촌 개발, 지역사회 개발을 초기 개발계획에 포함했으며 성공적으로 추진되기도 했다. 싱가포르는 공업원구 개발은 공업원구 인력의 원천이 되는 농촌이 발전하지 않으면 성공할 수 없다고 생각했다고 한다.*

북한 개발 시 지식공유 프로그램(KSP·Knowledge Sharing Program)을 운영해야 한다. 북한은 경제개혁과 경제개발구 개발을 위해 법규를 제정하는 등 노력을 하고 있으나 여전히 시장경제에 대한 이해와 경험이 부족하다. 따라서 남한의 경제발전 경험을 전수하여 제도 개선, 행정 시스템 구축 및 합리적인 계획 수립을 지원해야 한다.

싱가포르는 도시 및 건축 관련 제도, 행정 시스템, 개발계획 및 관리

---

* 중국의 미래, 싱가포르 모델 - 중국은 싱가포르에서 무엇을 배우고 어떻게 미래를 만드는가. 임계순, 2018년, 김영사, 103~105p

북한의 건축 사람을 잇다

쑤저우공업원구의 싱가포르 지식전수 계획

분류	내용	비고
1단계 도시계획과 관리 투자자 유치	1. 도시계획과 관리 2. 인프라 시설의 개발과 관리 3. 토지 개발 및 건설 4. 생산요소의 효율적 사용 5. 정보 시스템의 설치, 투자자 유치 6. 여행산업 육성	싱가포르 국가경쟁력 주요 요소
2단계 시장경제 관리	1. 싱가포르의 기업 경영 시스템 2. 법인대출 및 은행대출 리스크 관리 3. 사회주의 시장에 적합한 신노동관리제도 4. 비정부기관에 의해 공급되는 선진적인 서비스 시스템 도입 5. 높은 수준의 연구개발센터 설립 6. 시군 건설표준 개선 7. 공개채용, 공정경쟁, 인력 선발, 합리적 직무순환, 인력의 최적 이용 8. 과세 및 금융 시스템의 개혁	
3단계	입법, 행정, 법집행, 청렴한 정부, 부패척결 문화, 교육 등	

자료 : 개성공업지구와 소주공업원구 비교 연구, 장환빈, 북한대학원대학교, 2014

등을 지식공유 프로그램 1단계 사업으로 추진했다. 경제개발구도 단지 개발과 공장 건축이 먼저 이루어지므로 북한을 대상으로 한 지식공유 프로그램에 도시와 건축 분야를 우선 적용할 필요가 있다. 싱가포르는 국가가 국제개발 정책을 수립하고, 국영기업과 민간기업이 역할을 나누어 투자하고 있으며 국제적 개발에 가장 성공한 국가로 알려져 있다.

북한은 고등교육기관(대학교, 대학원)의 숫자 자체가 적고 일부 대학을 제외하면 교육 수준과 시설도 열악하여 알려진 것과 다르게 고급 인력이 부족하고, 기능교육도 잘 이루어지지 않아 기능공의 수준도 낮으므로 교육 지원을 통한 인력 개발도 추진해야 한다. 그리고 국제 정세 변화 시 국내 기업의 개발구(특구) 추진이 폭증할 것으로 예상되어 무분별한 진출로 인한 부작용을 사전에 방지하기 위하여 북한개발통합기구를 만들 필요가 있다.

남한은 남북교류협력법에 의해 북한 지역에 대한 투자를 승인하고 있으나 승인이 신고제로 운영되고 있고 전문적인 심사제도가 없는 상태다. 또한 국가 정책적으로 개발사업을 추진한 사례도 없으므로 북한 투자에 대한 계획, 조정 및 지원을 하는 기구가 필요하다. 그리고 정부 부처 간에 분야별로 개발 방안을 검토하고 있으므로 유기적인 연계와 체계적인 추진을 위해서도 이러한 기구가 있어야 한다.

싱가포르는 해외 산업단지 및 부동산에 국부펀드인 GIC (Government of Singapore Investment Corporation), 테마섹홀딩스의 자본을 이용하여 투자하고 있으므로 통합기구에 북한 개발을 위한 펀드를 구성하는 방안도 고려할 필요가 있다. 남한은 남북협력기금을 남북 경협사업에 지원하고 있으나 규모가 1조 원 정도에 불과하다. GIC는 운영 규모가 최소 4400억 달러(약 527조 원), 테마섹홀딩스는 1570억 달러(약 180조 원)에 달하는 것으로 알려져 있다. 그리고 북한개발펀드는 무상 지원이 아닌 실제로 수익성에 기초한 펀드로 조성되어야 한다.

북한의 건축 사람을 잇다

붙임 | 북한의 경제개발구 현황표 : 총 27개(△경제특구 5개, △경제개발구 22개 : 중앙급 4개, 지방급 18개)

지구명	개발 방향	개발 개요	위치	면적	개발 방식 (개발회사)	비고
라선자유무역지대	경제특구	● 첨단 기술, 국제물류, 장비 제조, 현대농업 등 산업과 관광을 축으로 국제경제무역지대 개발	라선특별시 일대	약 746㎢	합작개발기업 외국개발기업	개발 면적이 1993년 746㎢로 확대 (정무원 결정 64호)
원산-금강산 국제관광지대		● 원산지구와 금강산 지역의 역사 유적지를 활용한 동해안 국제관광산업	강원도 원산시와 주변 일대	약 400㎢	원산개발총회사	기존 금강산국제관광 특구 면적 100㎢
개성공업지구		● 국제적인 공업, 무역, 상업, 금융, 관광지역으로 건설	황해북도 개성시 일대	약 66㎢	현대아산 한국토지주택공사 (LH)	
황금평·위화도		● 4대 산업(정보, 관광문화, 현대시설농업, 경공업) 중심 개발·운영	황금평(북한)과 위화도(중국) 일대	약 16+12㎢	합작 또는 외국개발기업	
무봉국제관광특구		● 백두산 관광과 연계하는 관광산업	량강도 삼지연군 일대	약 84㎢	-	2015.4 지정되어 세부자료 없음
진도수출가공구	중앙급 개발구	● 원자재를 무관세로 들여다 여러 가지 경공업 및 화학 제품을 생산하여 수출	남포시 와우도구역	약 1.8㎢	합영개발기업 외국개발기업	
은정첨단기술개발구		● 정보기술, 나노, 신소재, 생물공학 분야의 첨단 산업구, 첨단 공업설비 제작기지 ● 일부 가공무역사업과 상업봉사 활동을 결합한 첨단과학기술개발구	평양시 은정구역	총 약 2.4㎢ 제1지구 1.4㎢, 제2지구 1㎢	합영개발기업 외국개발기업	
강령 국제록색시범구		● 록색산업 기술 연구, 개발, 도입 ● 유기농산물, 부산물 가공 위주	황해남도 강령군	약 3.5㎢	합영개발기업 외국개발기업	
신의주 국제경제지대		● 첨단 기술, 무역, 관광, 금융, 보세 가공 등을 결합한 복합경제 개발구	평안북도 신의주시	약 38㎢	합영개발기업 외국개발기업	당초 경제특구로 추진되었으나 2014.7.23. 중앙급으로 재지정됨.

지구명	개발 방향	개발 개요	위치	면적	개발 방식 (개발회사)	비고
만포경제개발구		• 관광, 무역, 현대농업과 공업 결합	자강도 만포시	약 3㎢	합영개발기업	
청진경제개발구		• 금속 가공, 기계 제작, 건재 생산 전자·경공업 제품 생산 및 수출가공업 기본 • 청진항을 경유하는 중계무역	함경북도 청진시	약 5.4㎢	합영개발기업 외국개발기업	
혜산경제개발구		• 수출가공, 현대농업, 관광휴양, 무역 등	량강도 혜산시	약 2㎢	합영개발기업 외국개발기업	
압록강경제개발구		• 현대농업, 관광휴양, 무역	평안북도 의주시	약 6.3㎢	합영개발기업 외국개발기업	
청수관광개발구		• 압록강을 이용한 관광 위주	평안북도 삭주군 방산리	약 1.4㎢	합영개발기업 외국개발기업	
현동공업개발구	지 방 급 개 발 구	• 관광 제품 생산 및 전자정보산업기지	강원도 원산시	약 2㎢	합영개발기업 외국개발기업	
흥남공업개발구		• 화학, 일반기계, 제약, 경공업을 위주로 한 수출주도형 공업개발구	함경남도 함흥시	1단계 약 2.2㎢	합영개발기업	
위원공업개발구		• 광물자원 가공, 목재 가공, 기계설비 제작업, 농토산물 가공업 기본 • 잠업 및 담수양어과학 연구기지를 결합한 공업개발구	자강도 위원군	약 2.28㎢	합영 또는 합작개발기업	
청남공업개발구		• 채취공업 발전에 필요한 설비와 부속품, 공구 • 석탄을 원료로 하는 화학 제품	평안남도 청남군	약 2㎢	합영개발기업 외국개발기업	
북청농업개발구		• 과수업과 축산업, 과일 종합 가공업 위주, 수출주도형 농업개발구	함경남도 북청군	약 3.5㎢	합영개발기업 외국개발기업	
어랑농업개발구		• 농축산 기지와 채종, 육종을 포함한 농업과학 연구개발기지	함경북도 어랑군	약 4㎢	합영개발기업 외국개발기업	

지구명	개발 방향	개발 개요	위치	면적	개발 방식 (개발회사)	비고
숙천농업개발구	지 방 급 개 발 구	• 벌방지대 과학영농 방법 보급지 • 농축산물 가공기지	평안남도 숙천군	약 3㎢	합영개발기업 외국개발기업	
와우도수출가공구		• 수출지향형 가공조립업 • 집약적인 수출가공구	남포시 와우도구역	약 1.5㎢	합영개발기업 외국개발기업	
송림수출가공구		• 수출가공기업, 창고보관업 및 창고 보세가공업, 임가공 기지 • 집약형 수출가공구 건설	황해북도 송림시	약 2㎢	합영개발기업 외국개발기업	

PART 3

싱가포르의 해외 개발과 북한 개발

싱가포르는 북한의 주요 교역국이고, 서방 국가와 외교적 창구 역할을 해 오고 있다. 북한이 싱가포르의 개발 방식 도입과 투자 유치를 원한 것은 싱가포르가 정치적으로 권위주의 체제를 유지하면서 경제적으로 시장경제를 통한 경제성장을 이루었기 때문이다. 북한은 체제를 유지하면서 경제를 발전시킬 수 있는 모델로 싱가포르를 주목한 것이다. 싱가포르의 해외 도시 개발사업은 국가 차원에서 추진했으며, 도시 개발 시 시설만이 아닌 행정 시스템 개선, 주민 생활 및 사회구조 변화까지, 개발 목표로 삼았다. 경제성만이 아닌 다양한 분야의 협력을 통해 상호 이익을 추구하고 광범위한 지역을 대상으로 하는 싱가포르의 개발 방식은 북한 개발에 많은 참고가 될 것이다.

베트남-싱가포르 공단 빈즈엉1(VSIP-Binh-duong-1) / VSIP 홈페이지

　　싱가포르의 해외 도시 개발사업은 국가가 주도하며, 도시 운영 시스템을 함께 구축하고 있다. 전례가 없는 사업 방식으로 큰 성과를 거두고 있다. 싱가포르 기업과 싱가포르를 거점으로 하고 있는 다국적 기업에 싱가포르와 유사한 환경을 가진 도시를 구축하여 안정적인 사업 기회를 제공한다. 또한 개발 대상국과 전략적 동반자 관계를 구축하여 외교적인 성과도 내고 있다.

　　중국이나 베트남은 싱가포르와 공동 개발사업에 토지이용권을 현물

북한의 건축 사람을 잇다

톈진에코시티 조감도 / SSTEC 홈페이지

로 투자했다. 그동안 남한은 북한 개발사업에 일방적인 투자를 했으나, 보다 적극적인 개발사업을 위해선 북한을 개발사업 투자에 참여시킬 필요가 있다. 2014년 북한이 제정한 '경제개발구법'에서 토지이용권을 경제개발구 개발사업에 투자할 수 있도록 규정하는 등 개발사업 투자에 의지를 보이고 있어 북한의 투자에도 청신호가 보인다.

2018년 6월 12일 싱가포르에서 최초의 북미정상회담이 열리면서 북한과 싱가포르의 관계가 주목을 받았으며, 김정은 위원장이 정상회담

싱가포르 전경 / 창이공항 홈페이지

하루 전 싱가포르의 주요 건축물을 둘러보는 관광을 한 것도 화제가 되었다. 북한과 싱가포르의 관계는 잘 알려져 있지 않지만 싱가포르는 북한의 주요 교역국이고, 서방 국가와 외교적 창구 역할을 해 오고 있었다. 또한 2010년 이후 싱가포르 자본이 개성공단 주변 지역에 첨단산업단지를 조성할 계획이라거나, 원산갈마지구 관광시설에 대규모 투자를 하였다는 확인되지 않는 뉴스가 보도되기도 했다.

싱가포르의 북한 개발 투자의 진실을 알 수는 없지만, 북한이 싱가포

북한의 건축 사람을 잇다

르의 투자를 강력하게 원한 것은 사실이다. 북한은 1991년 라선경제특구 지정 시 싱가포르의 투자 정책에 대한 조사를 했다. 또 2000년대 후반에는 싱가포르의 투자를 유치하기 위해 고촉통 전 총리를 평양에 초청하고 양국 간에 투자협정을 체결하기도 했으나, 김정일 위원장의 사망, 북핵 문제 악화 등으로 투자는 성사되지 못했다.

북한이 싱가포르의 개발 방식 도입과 투자 유치를 원한 것은 싱가포르가 정치적으로 권위주의 체제를 유지하면서 경제적으로 시장경제를 통한 경제성장을 이루었으므로 북한이 체제를 유지하면서 경제를 발전시킬 수 있는 모델로 생각했기 때문으로 보인다.

남한은 2000년대 초 개성공단 개발을 추진하면서 싱가포르의 해외 개발사업에 관심을 가지게 되었다. 그 당시 싱가포르는 중국과 공동으로 쑤저우공단을 개발하고 있었다. 개성공단 개발과 관련된 남북 관계자는 합동으로 쑤저우공단을 둘러보기도 했다. 그러나 싱가포르의 해외 공단(도시) 개발 방식, 전략 등을 전반적으로 파악하지는 못했다.

싱가포르의 해외 공단(도시) 개발사업은 대단히 독특한 방식으로 추진되었다. 싱가포르는 해외 도시 개발사업을 국가 차원에서 추진했고, 도시 개발 시 시설만이 아닌 행정 시스템 개선, 주민 생활 및 사회구조 변화 등을 개발 목표로 했다. 이러한 개발 방식은 유사한 사례를 찾아보기 힘든 것이다.

경제성만이 아닌 다양한 분야의 협력을 통해 상호 이익을 추구하고 광범위한 지역을 개발 대상으로 하고 있는 이러한 싱가포르의 개발 방식은 특수한 관계인 북한 개발에 많은 참고가 될 것이라고 생각된다.

1. 우리가 모르는 싱가포르

싱가포르는 잘살지만 독재국가에 가깝고, 깨끗한 도시국가지만 엄격한 법 집행으로 유명하다. 우리에게 알려진 싱가포르의 이미지는 관광, 공공주택 정책, 국제 무역항, 강력한 지도자 리콴유에 의해 경제발전을 이룬 나라 등이다. 하지만 1인당 GDP가 6만 6000달러(2021년)로 세계 8위이고, 구매력 기준 1인당 국민소득(PPP)은 약 9만 5000달러(2020년)로 룩셈부르크에 이어 세계 2위이며, 동남아시아 최고 군사 강국이라는 것은 잘 알려져 있지 않다.

싱가포르가 해외에 개발한 도시의 면적 합계가 싱가포르 면적보다 크고 대부분 성공적인 것으로 평가되고 있다. 싱가포르는 자국의 도시계획 및 개발 경험을 적용하여 싱가포르와 동일한 환경과 수준의 도시를 만드는 것이 목표였으며, 이를 위하여 싱가포르만의 독특한 전략을 수립하였다. 싱가포르의 성공적인 해외 도시 개발을 이해하기 위해서는 싱가포르의 경제발전, 도시 개발 현황에 대한 이해가 필요하다.

싱가포르가 위치한 말라카해협은 이미 8세기 이전부터 중동과 중국을 잇는 무역 중심지였고, 15세기 바스쿠 다가마가 유럽~인도양 항로를 개척한 후에는 동서 교역의 거점이 되었다. 현재는 전 세계 해상 운송량의 20% 이상이 통과하는 가장 중요한 국제 무역 항로 중 하나이다.

싱가포르는 말레이반도 남쪽의 한적한 섬이었으나, 말라카해협에서 네덜란드에 주도권을 빼앗긴 영국이 1800년대 초 싱가포르를 무역항으로 만들면서 발전하기 시작했다. 1819년 1000여 명에 불과하였던 인구가 1940년에는 무려 77만 명에 달할 정도 발전하였으며, 동남아시아에

리콴유 전 총리의 영국 유학 시절 / National Archives of Singapore

서 중요한 영국의 거점 역할을 했다. 싱가포르 인구는 이주해 온 중국계가 전체 인구의 70%에 달했다. 싱가포르는 2차 세계대전 중인 1941년 일본에 점령당했다가 일본 패망 후 다시 영국의 식민지가 되었고 1959년에는 영국의 자치령이 되었다.

싱가포르 역사에서 1965년부터 1991년까지 총리를 지낸 리콴유를 빼놓을 수 없다. 리콴유 총리는 중국계의 후손으로 말레이반도의 명문 학교인 래플스칼리지를 수석으로 입학하고 최우수 성적으로 졸업한 인재였다. 1941년 일본의 싱가포르 점령으로 영국 유학이 좌절되었으나 1946년 영국으로 떠나 런던정경대학교(LSE·London School of Economics and Political Science)와 케임브리지대학교에서 법학을 전

LSE 설립자들(Sidney Webb, Charlotte Shaw, George Bernard Shaw and Beatrice)
/ LSE 홈페이지

공했다.

　런던정경대학교는 영국의 점진적 사회주의운동 단체 페이비언 협회
(Fabian Society)의 회원인 웨브 부부, 조지 버나드 쇼 등의 주도로 설립
되었다. 케네디 대통령(미국), 아소 다로 총리(일본), 로마노 프로디 총리
(이탈리아), 차이잉원 총통(대만) 등 37명의 국가 정상과 조지 소로스, 데
이비드 록펠러, 토마 피케티(<21세기 자본> 저자) 등 수많은 경제계의 거물을
배출한 학교이다. 리콴유는 LSE에서 영국 노동당의 이론가인 해럴드 라
스키 교수의 영향을 받은 것으로 알려져 있다.

　해럴드 라스키는 리콴유 외에도 캐나다의 피에르 트뤼도 총리, 인도

북한의 건축 사람을 잇다

의 네루 총리 등에게 영향을 준 것으로 알려져 있다. 이 세 명은 장기집권을 하였고 자녀가 국가 정상이 된 재미있는 공통점이 있다.*

런던정경대학교를 설립한 페이비언 협회는 로마제국의 막시무스 파비우스가 카르타고의 한니발에 맞서 지구전으로 승리한 것처럼 혁명이 아닌 끈질긴 합법적 활동을 통한 지구전으로 사회주의 사회를 실현하려고 했다. 토지 및 생산수단의 공유화, 재정 정책, 사회보장 및 노동 입법 등을 통한 부와 소득의 평등화 등을 주장했다. 싱가포르 독립 후 리콴유가 취한 중립외교, 토지 국유화, 국가지주회사에 의한 기업의 지배, 주택 공급 정책, 복지 정책 등은 페이비언 협회(Fabianism·파비우스주의)의 정책에 많은 영향을 받은 것으로 보인다.

리콴유는 영국에서 변호사 자격을 취득하고 귀국하였다. 귀국 후 노조와 학생운동 관련 소송을 맡으면서 젊은 나이에도 불구하고 신망을 얻었다. 촉망받는 정치지도자로 성장했으며, 1959년 자치정부 수립 시 초대 총리로 당선되었다.

리콴유 등 싱가포르 지도자들은 적은 인구, 좁은 영토, 어려운 경제 여건 등으로 독자적인 국가 수립은 어렵다고 판단하여 1963년 말레이연방에 가입하면서 영국으로부터 독립했다. 하지만 말레이연방의 말레이인 우대 정책 때문에 촉발된 중국계와 말레이계의 민족분쟁으로 싱가포르는 연방에서 축출됐다. 싱가포르는 원하지 않는 독립을 맞이하게

---

* 리콴유는 1959년부터 1990년까지 총리를 지냈으며 아들 리셴룽은 현재 총리이다. 피에르 트뤼도는 1968년부터 1984년까지 집권하였고 아들 쥐스탱 트뤼도가 2015년 총리가 되었다. 네루는 1947년부터 1964년까지 총리를 지냈고 딸인 인디라 간디와 외손자인 라지브 간디가 총리를 지냈다.

되었고 리콴유는 말레이연방에서 독립을 선언하는 방송에서 눈물을 보이기도 했다.

싱가포르는 독립을 유지하기 위해, 독창적이고 강력한 정책을 추진했다. 또한 독립을 보장받기 위해 독립 직후인 1965년 유엔에 가입했다. 그리고 '누구와도 적이 되지 않겠다'는 외교 원칙을 세우고 중립국을 선언하였다. 1967년에는 주변 국가들과 동남아시아국가연합(ASEAN·아세안)을 결성했고 1970년에는 비동맹운동에 회원국으로 가입했다. 그리고 미국, 서방 국가와도 긴밀한 관계를 구축했다. 싱가포르는 작은 국가이지만, 북유럽이나 서유럽의 작은 국가들보다 외교적 영향력이 강한 국가로 평가된다. 리콴유의 서방, 비동맹 국가 지도자들과의 개인적인 친분도 싱가포르가 외교적 영향력을 발휘하는 데 큰 역할을 했다.

싱가포르는 스위스 및 이스라엘을 참조하여 징병제를 실시하고, 적은 병력으로 효과적인 방위를 위해 첨단 무기를 도입, 현재 동남아시아 최고의 군사 강국으로 평가받고 있다. 작은 어촌에서 무역항으로 발전한 싱가포르는 다양한 종교와 민족적 배경을 가진 이주민으로 구성되어 있어 독립 전부터 민족 간 많은 갈등이 있었다. 독립국가 건설을 위해 영어를 공용어로 채택, 교육에서부터 국민들 간 의사소통을 원활하게 해 갈등 요소를 줄일 수 있었다. 그리고 주택 공급, 상급 학교 진학 및 공무원 채용에도 민족 간의 형평성을 고려했다. 또한 공개된 장소에서 선교 및 타 종교에 대한 비난 금지 등 민족 및 종교 간 화합을 위한 여러 정책을 채택했다.

싱가포르는 독립 당시 중계무역 감소로 실업률이 높았고 농업 및 제

북한의 건축 사람을 잇다

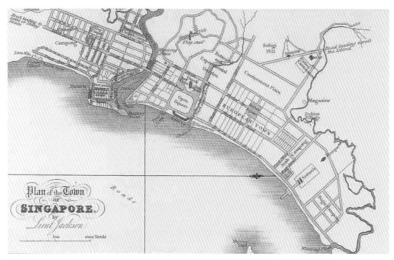

잭슨플랜(1928) 잭슨플랜 혹은 레플스타운 계획은 싱가포르 최초의 도시계획이다.
/ 싱가포르 국립도서관

조업도 발전하지 못해 경제적으로 어려운 상황이었다. 인구의 반 이상
이 빈민가에 살거나 도시 주변을 떠도는 무단 거주자였으며 범죄와 부
정부패가 만연하고 있었다. 독립을 유지하기 위해서는 국민 생활 안정
을 위한 복지제도 도입, 주택 공급, 범죄 및 부정부패 척결, 일자리 마련,
경제발전 등이 필요했다.

싱가포르는 영국 식민당국에 의해 1955년 아시아 최초의 노후연금
제도인 중앙적립기금 제도를 도입했다. 이는 2차 대전 후 집권한 영국
노동당의 복지 확대 정책의 영향을 받은 것이었다. 그러나 싱가포르 지
도자들은 노후연금보다 주거 불안정 문제 해결이 더 시급하다고 인식,
1960년 주택개발청(HDB)을 설립해 국가 주도로 저렴한 주택을 공급했

다. 1967년에는 중앙적립기금의 적립금을 주택 구입 자금으로 이용할 수 있도록 했다. 싱가포르는 현재 주택 보유율이 91%에 달한다. 주택 공급 시 주변에 산업시설을 배치해 일자리를 공급하고, 편의를 위한 커뮤니티 센터, 음식과 생필품 판매가 가능한 임대상점가를 설치했다. 주거 안정과 저렴한 생필품 공급은 초기 저임금 노동력 공급을 가능하게 하여 경제발전의 토대가 되었다.

그리고 근본적인 국민 생활 안정을 위해서는 경제발전을 통한 일자리 마련이 필요했다. 싱가포르는 전통적 산업인 국제 중계무역의 활성화를 추진했다. 비즈니스맨이 안전하게 머물 수 있도록 치안 확보를 위해 경찰력을 강화하고, 신뢰할 수 있는 행정 시스템 구축을 위해 강력한 부정부패 척결 정책을 추진했다. 현재 싱가포르는 가장 안전하고 부정부패가 적은 국가로 꼽히고 있다. 또한 비즈니스 방문자의 편의를 위해 쾌적하고 효율적인 도시환경을 구축했으며, 이러한 도시환경은 싱가포르 관광산업의 핵심적인 요소가 되었다.

싱가포르에서 관광은 금융과 더불어 서비스산업의 핵심축이다. 2018년 인구의 3배가 넘는 1800만 명이 방문했으며, 1990년대부터 부가가치가 높은 비즈니스 분야인 미이스(MICE·Meetings, Incentives Travel, Conventions, Exhibitions & Event)를 육성해 현재 세계에서 국제회의가 가장 많이 열리는 도시가 되었다.

독립 전 싱가포르는 중계무역이 주요 산업으로 제조업은 빈약한 상태였으나, 1959년 자치정부 수립 후 제조업 발전의 필요성을 인식했다. 싱가포르는 유엔개발계획(UNDP)의 해외 투자 유치를 위한 대규모 산

북한의 건축 사람을 잇다

업단지 개발 제안을 받아들여 1961년부터 늪지대였던 주룽 지역을 국가 주도로 개발했다. 초기에는 주로 노동집약적 산업을 유치했다. 싱가포르는 1980년대가 되면서 노동집약적 산업으로는 성장에 한계가 있음을 인지하고 자본집약적인 산업으로 전환했다. 1990년대에는 정보기술(IT·Information Technology), 바이오산업(BT·Bio Technology) 및 석유화학 클러스터 등 고부가가치 산업 중심으로 급속한 경제성장을 이루었다. 최근에는 급변하는 환경에 대응할 수 있도록 인공지능, 로봇 및 사물인터넷 등 미래 산업 육성을 위한 기술 혁신과 투자를 지속하고 있다.

싱가포르는 현재 아시아 금융의 중심지이지만 독립 초기에는 제조업에 부수된 산업에 불과했다. 1968년부터 금융산업을 육성하기 시작했다. 초기에는 소박하게 아시아 대상의 달러시장으로 시작했다. 금융산업 발전에 필요한 인재를 확보하기 위하여 리콴유 총리가 직접 나서기도 했다. 동아시아의 경제발전에 따라 아시아 달러시장 규모는 기하급수적으로 커졌고 1990년대에 싱가포르는 런던, 뉴욕, 도쿄에 이어 세계에서 네 번째로 큰 외환시장을 보유하게 되었다.

싱가포르의 경제발전에는 독특한 기업 지배구조와 토지 국유화 정책이 큰 영향을 미쳤다. 싱가포르는 싱가포르 주식회사라고 불린다. 싱가포르의 대규모 기업 대부분을 국영 투자회사가 소유하고 있다. 1974년 싱가포르 정부는 국영기업을 관리하기 위하여 투자회사인 테마섹홀딩스를 설립했다. 테마섹은 항공, 통신, 조선소, 부동산 투자회사, 호텔, 동물원 등 수십 개의 기업을 소유하고 있으며, 이들 기업의 자회사, 관계사들을 합하면 테마섹의 영향을 받는 회사는 수천 개 정도다. 테마섹은

4000억 달러 이상을 운용하는 세계 9위의 국부펀드로 설립 후 운영 수익률이 18%에 달한다. 테마섹은 투자한 회사들을 민간기업처럼 관리하고 있어 효율성이 높다고 한다. 대규모 기업의 국가 소유는 기업 이익으로 국가가 대규모 자본을 축적하여 국가 정책사업에 투자하고, 국가 정책을 기업에 바로 반영할 수 있는 장점이 있다.

토지 국유화 정책도 산업 경쟁력 강화에 많은 기여를 했다. 독립 당시 싱가포르의 국유토지는 전체 토지의 40% 정도였으나 1990년대에는 전체 토지의 90%를 국유화했다. 토지 국유화는 계획적인 도시 개발, 효율적인 토지 사용, 상업 및 생산시설 용지의 저렴한 공급을 가능하게 해 기업 경쟁력을 높일 수 있었다. 이러한 독특한 기업 지배구조와 토지 국유화 정책은 페이비어니즘의 토지와 생산수단 공유화 철학의 영향을 받은 것이었다.

싱가포르는 적은 인구, 좁은 국토로 인한 한계를 극복하고 지속적인 경제성장을 위해 고부가가치 산업인 IT, BT, 석유화학, 해외 금융 투자로 눈을 돌렸다. 고부가가치 산업에는 해외 도시 개발도 포함되었다.

2. 싱가포르의 복제도시 만들기

해외 도시 개발사업은 부동산 개발이나 인프라 건설을 통하여 수익을 만드는 것이 목표이지만, 싱가포르의 해외 도시 개발사업은 다른 목표로 시작되었다. 싱가포르와 같은 조건으로 기업을 운영할 수 있는 해외 도시를 건설하는 것이 목표였다.

　첫 해외 도시 개발사업은 싱가포르 조호르바루(말레이시아), 리아우 제도(인도네시아)를 잇는 삼각지대를 개발하는 시조리(SIJORI) 성장의 삼각지대(GT·Growth Triangle)였다. 1989년 싱가포르 고촉통 부총리에 의해 추진되었으며 싱가포르의 자본, 기술력과 말레이시아와 인도네

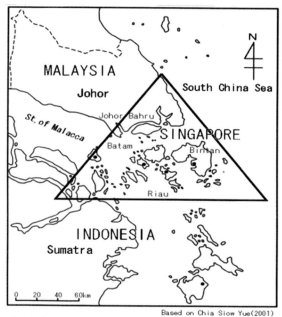

시조리 성장의 삼각지대(SIJORI GT)

쑤저우공단 전경 / SIP 홈페이지

시아의 인력과 풍부한 자원을 결합하여 3개국 접경지역에 초국경 경제
지대를 개발하는 계획이었다.

시조리 GT 개발은 3국 정부의 합의로 시작되었고 각국의 의견 조정
을 위한 상설 협의체를 운영하였다. 3국의 기업이 투자하여 개발합작회
사를 설립하였다. 싱가포르는 국영 개발회사인 싱가포르 테크놀로지 인
더스트리얼이 투자하였고, 인도네시아와 말레이시아는 화교계 재벌이
주요 투자자였다. 그리고 단순히 단지를 개발하는 것만이 아니라 경제
발전계획, 개발 및 세금 제도, 인력 개발 등 정책적인 분야도 각국이 협
력했다.

시조리 GT 개발은 각국의 이해관계가 달라 여러 어려움을 겪었으
나, 빠르게 성과를 보이며 각국의 경제발전에 큰 기여를 했다. 바탐섬은

북한의 건축 사람을 잇다

제조업 위주로 발전했으며, 빈탄섬은 세계적인 리조트 단지 및 국제 무역항이 되었다. 조호르바루도 말레이시아 남부의 중심도시로 발전했다. 그러나 1998년 아시아 외환위기가 발생하고 인도네시아 수하르토 대통령이 민주화 시위로 물러나면서 개발은 정체되었고, 당초 목표로 하였던 초국경도시로 발전하지 못했다.

싱가포르는 중국과 1970년대부터 긴밀한 관계를 유지하고 있었으며, 1978년 중국이 개혁·개방 정책을 추진한 후부터 공무원 교육, 경제개발, 제도 개선 자문 등의 협력을 했다. 특히 싱가포르의 국가지주회사를 통한 기업 지배, 토지 국유화, 도시계획, 국가 주도 산업 정책 등은 사회주의 국가인 중국의 시장경제 도입에 많은 참고가 되었다. 그러나

쑤저우공단 개발합의서 서명 / SIP 홈페이지

1990년대 초반까지 싱가포르는 중국과 수교하지 않았으며 직접투자도 하지 않았다.

1980년대 말 냉전 체제가 해체되고 1992년 중국의 덩샤오핑이 남 순강화를 통하여 개혁·개방 정책의 지속적인 추진 의지를 밝힌 후 싱 가포르는 중국과 수교하고 본격적인 투자를 시작했다. 1992년 덩샤오 핑과 리콴유 전 총리는 쑤저우시 인근 70㎢ 지역에 쑤저우공단(SIP)을 개발하기로 합의했다. 개발을 위하여 국가 간 다층적 협의기구를 만들 었다. 양국 부총리급을 공동 의장으로 하는 연합이사회, 장관급을 의장 으로 하는 공동실무위원회를 설치하여 중요 의사결정 사항에 대하여 협의하도록 했다. 그리고 양국의 국영기업과 해외 투자자들이 투자하 여 합작개발회사인 CSSD(China-Singapore Suzhou Industrial Park Development Group Co Ltd)를 설립했다. 이러한 개발 체계는 이후 중 국의 톈진생태도시, 광저우지식도시 및 베트남의 VSIP(베트남-싱가포 르공단) 개발에도 동일하게 적용되었다.

싱가포르의 해외 도시 개발 목표가 싱가포르와 동일한 사업환경을

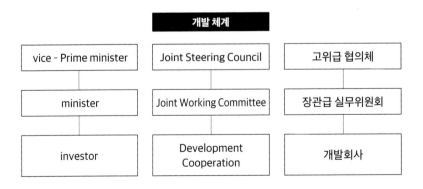

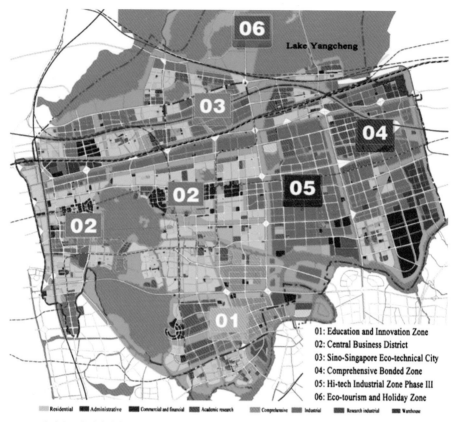

01: Education and Innovation Zone
02: Central Business District
03: Sino-Singapore Eco-technical City
04: Comprehensive Bonded Zone
05: Hi-tech Industrial Zone Phase III
06: Eco-tourism and Holiday Zone

Residential　Administrative　Commercial and financial　Academic research　Comprehensive　Industrial　Research industrial　Warehouse

쑤저우공단 개발계획 / SIP 홈페이지

가진 도시 개발이었으므로 부지 조성과 기반시설(하드웨어) 건설만이
아닌 도시 행정 시스템(소프트웨어) 구축이 더욱 중요했다. 이를 위하여
중국의 법률 및 제도를 개선하기 위한 협의체도 운영했다.

　쑤저우공단 개발이 순조롭지만은 않았다. CSSD는 싱가포르가 지분
65%를, 중국이 35%를 보유하고 있었으므로 중국은 지분이 적은 쑤저
우공단보다 자체 개발이 가능한 공단 주변 지역(쑤저우 신구)을 우선 개

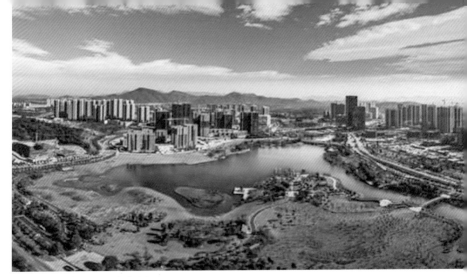

광저우지식도시 / SSG KC 홈페이지

발하여 쑤저우공단 개발이 정체되었다. 1998년 아시아 외환위기도 개발에 영향을 주어 쑤저우공단 개발사업은 1억 달러 이상의 손실이 발생한 것으로 알려졌으며, 리콴유 전 총리는 자서전에서 쑤저우공단 개발을 실패한 프로젝트라고 언급하기도 했다. 1999년 쑤저우공단 개발 정상화를 위하여 싱가포르는 CSSD의 지분율을 35%로 낮추었고, 2001년에는 싱가포르 전체 지분과 관리운영권을 중국에 양도하였다. 이후 공단 개발이 본격화되어 2004년 쑤저우공단은 누적 손실을 회수하고 첫 배당금을 지급했다.

현재 쑤저우공단은 중국과 싱가포르가 공동으로 개발한 80㎢를 포함하여 전체 면적이 278㎢이고, 세계 500대 기업을 포함한 2만 5000개의 기업이 입주해 있으며 무역액 1조 달러, 인구 80만 명에 이르는 성공을 거두었다.

2007년 중국은 경제발전으로 환경 문제가 심각한 상태였고 베이징 올림픽을 앞두고 있었으므로 이미지 개선을 위하여 친환경적인 정책이 필요했고, 그 일환으로 친환경도시 개발을 추진하였다. 베이징에서 멀지 않은 톈진시 주변의 오염된 지역을 개발하기로 했으며, 친환경도

광저우지식도시 마스터플랜 / SSG KC 홈페이지

시 개발 노하우가 많은 싱가포르에 협조를 요청했다. 싱가포르는 시조리 GT, 쑤저우공단 등 해외 도시 개발사업에서 많은 시행착오를 겪었으나, 일정한 성과가 있었으므로 톈진생태도시 개발에 참여했다. 톈진생태도시는 단순히 오염된 토지와 수질 회복만이 아니라 산업, 주거, 교통 및 에너지를 친환경적으로 전환하고 생태계 회복 및 생활 습관 개선까지 포함하는 포괄적이고 종합적인 생태 시스템 구축을 목표로 했다. 톈

진생태도시는 비교적 적은 규모(34㎢)이지만 성공적으로 개발되고 있으며 중국의 다른 생태도시의 모범 역할을 하고 있다.

2008년 싱가포르와 중국은 세 번째 국가 간 프로젝트인 광저우지식도시 개발에 합의했다. 2007년 중국은 GDP 규모가 독일을 추월하여 세계 3위, 수출은 2위가 되었으므로 산업구조 고도화가 필요했다.

개발 대상지는 광둥성 황푸구의 123㎢에 달하는 지역으로 사업 기간은 20년(2030년), 완료 후 거주 인구는 50만 명을 목표로 하고 있으며 2010년 착수되었다. 광저우지식도시의 마스터플랜 수립에는 '싱가포르 도시계획의 아버지'로 불리는 류타이커 박사가 참여하였다. 광저우지식도시는 현재 중국의 첨단을 이끄는 중심지로 발전하고 있다.

싱가포르가 중국 다음으로 해외 도시 개발사업을 추진한 곳은 베트남이었다. 싱가포르는 베트남 통일 전인 1973년 수교를 하였으나 1980년대 베트남이 캄보디아를 침공한 후 관계가 좋지 않았으며, 국제적인 경제 제재를 받고 있었으므로 1990년대 초반까지 베트남에 투자를 하지 않고 있었다. 그러나 베트남군이 캄보디아에서 철수하고 1994년 미국과 수교를 한 후 싱가포르는 베트남에서 공단 개발을 추진했다. 싱가포르는 베트남 합작공단 개발 시 대만과 베트남이 공동으로 1989년부터 개발하고 있는 딴뚜언 수출가공구 개발을 참조하기도 했다.

1994년 싱가포르 고촉통 총리는 베트남의 보반끼엣 총리와 빈즈엉 외곽의 5㎢ 부지에 베트남-싱가포르공단(VSIP)을 개발하기로 합의했다. 빈즈엉이 공단 개발지로 선정된 것은 호찌민에서 20㎞ 떨어져 있어 노동력 확보 및 교통에 유리하고 토지도 저렴하였기 때문이다. 빈즈엉

텐진생태도시 개발 합의 - 중국 원자바오 총리, 싱가포르 리셴룽 총리 / 텐진생태도시 홈페이지

공단은 1996년 착공하여 단계적으로 개발되었으며, 1998년 아시아 외환위기의 영향으로 전체 단지는 착공 후 7년이 지난 2003년 준공되었다. 빈즈엉공단은 당초 계획에 비하여 개발 일정은 지연되었으나 많은 기업들이 입주했다.

빈즈엉공단의 성공이 입증되자 VSIP는 2003년 빈즈엉 2단지(2006년 준공, 20.45km²)를 착공하였으며, 그 후 박닌 1단지(2007년 착공, 7km²), 하이퐁(2010년 착공, 16km²), 하이즈엉(2015년 착공, 1.5km²), 응에안(2015년 착공, 7.50km²), 꽝응아이(2013년 착공, 17km²), 박닌 2단지(2018년 착공, 2.73km²), 빈즈엉 3단지(2018년 착공, 10km²) 등 총 9개의 공단을 개발했다. 공단은 남부 호찌민 주변에 3개, 중부에 2개, 북부 하노이 주변에 4개가 배치되어 전국에 걸쳐 개발되었다. VSIP는 2020년 현재 2~3개 공단 추가 개발을 추진하고 있다. VSIP 9개 공단 전체 면적은 86㎢, 입주 기업은 30여 개국의 840개 기업, 투자 금액은 140억 달러, 고용 인원은 25만 명에 달할 정도로 성공적인 사업이 되었다.

싱가포르는 2000년대 이후 중국, 베트남에서 도시 개발사업을 추진했으나, 2015년부터 말레이시아 정부와 공동으로 말레이시아 조호르바루 지역 개발을 추진하고 있다(Iskandar Malaysia Project). 이 사업에는 싱가포르의 국영 투자회사 CAPITALAND, 테마섹홀딩스 및 중국의 대형 부동산회사들이 투자하고 있다.

싱가포르의 해외 도시 개발사업은 국가가 주도하고 개발 목표에 도시 운영 시스템 구축을 포함하고 있다는 측면에서 전례가 없는 사업 방식을 가지고 있다. 초기에는 여러 어려움이 있었으나 현재는 큰 성과를 거두고 있다. 이 해외 개발사업은 싱가포르 기업과 싱가포르를 거점으로 하고 있는 다국적 기업에 싱가포르와 유사한 환경을 가진 도시를 구축하여 사업 기회를 제공하고 있으며, 싱가포르의 대규모 국부펀드의 안정적인 투자처 역할을 했다. 그리고 경제적인 성과 외에 개발 대상국과 전략적 동반자 관계를 구축하여 외교적인 성과도 거두고 있다.

3. 싱가포르의 해외 도시 개발과 북한 개발

싱가포르의 해외 도시 개발사업이 흥미로운 것은 중국과 베트남 등 사회주의 국가를 대상으로, 국가 주도의 대규모 개발사업을 추진하여 성공했다는 것이다. 이러한 성공의 배경은 싱가포르가 토지 국유화 정책, 계획에 의한 도시 개발, 국가지주회사를 통한 기업 지배 시스템을 통하여 도시를 개발했으므로 사회주의 국가인 중국과 베트남이 받아들이기 용이했기 때문이다.

싱가포르가 해외 개발 시 적용한 원칙들, ① 국가 간 합의 ② 개발에 대한 정부 간 협의체 운영 ③ 국영 개발기업에 의한 개발 ④ 양국이 개발사업(개발회사)에 투자해 개발이익을 공유 ⑤ 계획적이고 단계적인 개발 ⑥ 장기적 투자 ⑦ 합리적 도시 행정 시스템(소프트웨어) 구축 ⑧ 기업 경영 방식 도입(수익 확보) 등도 해외 개발을 성공으로 이끈 요인이었다. 이러한 싱가포르의 성공적인 해외 도시 개발 사례는 북한 개발에 대해 여러 시사점을 준다.

남북 경협은 1980년대 말 간접교역으로 시작되어 2016년 개성공단이 중단되기 전까지 25년 이상 지속되었으며 금강산 관광, 개성공단 등 개발사업이 진행되었다. 그러나 개발사업은 아쉽게도 초기 단계에서 국제 정세, 국내 정치 등 외부적인 요인으로 중단되었다. 금강산 관광과 개성공단 개발은 비록 중단 상태이지만 상당한 성과를 거두었고 북한 개발의 가능성을 보여 준 사업이었다. 다만 첫 북한 개발이었으며 싱가포르의 중국과 베트남 개발사업도 초기 단계여서 참조하기 어려웠으므로

북한의 건축 사람을 잇다

체계적으로 추진하지 못하고 한계와 문제점도 있었다.

현재 남북을 둘러싼 국제 정세, 코로나19 등으로 인하여 남북관계는 불투명하지만, 남한 경제의 재도약과 국가안보를 위하여 남북관계는 필연적으로 개선하여야 한다. 남북 교류 재개 시 북한에 대한 개발사업이 본격화하면 성공적으로 평가받는 싱가포르의 해외 도시 개발 사례는 많은 참조가 될 것이다.

북한 개발은 북한의 정치, 경제적 여건과 남북관계의 특수성을 고려하면 남북 당국의 역할이 중요하다. 개성공단은 2000년 남북정상회담 시 합의하여 개발이 시작되었다. 정상회담 시 합의로 구성한 장관급회담과 남북경제협력추진위원회(경추위)에서 남북 간 현안을 협의하여 경의선 및 동해선 남북 도로·철도 연결사업, 이산가족 상봉 등을 성사시키는 성과도 거두었다. 장관급회담과 경추위는 싱가포르 해외 개발사업의 고위급(부총리급) 협의체 및 실무위원회(장관급) 구조와 유사한 측면

2018년 싱가포르 북미정상회담 / 북한자료

이 있었다. 그러나 남북관계가 악화된 2008년 이후 운영이 중단되었다.

남북관계가 개선되면 장관급회담을 총리급회담으로, 경추위는 남북 경제 주무 장관이 의장이 되는 실무위원회(남북공동위원회)로 격상하고, 회의를 정기화해야 한다. 의제를 농수산, 인프라, 경제특구 개발, 환경, 보건의료, 법·제도 정비 등 분야별로 세분화, 전문화하는 등 체계화할 필요가 있다.

북한 개발사업을 위해서는 북한의 미비한 토지, 도시계획, 건축 및 투자 관련 제도를 보완하여야 한다. 북한의 제도 개선 협력 시 부동산 투기, 난개발 등 부작용이 발생하지 않고 북한 체제에서 받아들일 수 있는 제도를 북한에 제안할 필요가 있다. 이를 위해서는 국내 제도의 개선 및 정비도 이루어져야 할 것이다.

중국이나 베트남은 초기에 싱가포르와 공동 개발사업에 토지이용권을 현물로 투자했다. 지금까지 남한은 북한 개발사업에 일방적인 투자를 했으나, 북한이 개발사업을 적극적으로 추진하도록 유도하기 위하여 북한을 투자에 참여하도록 해야 한다. 2014년 제정한 '경제개발구법'에서 토지이용권을 경제개발구 개발사업에 투자할 수 있도록 규정하는 등 개발사업 투자에 의지를 보이고 있으므로 남한이 요청하면 북한은 투자에 참여할 것으로 보인다.

싱가포르 해외 개발사업의 성공 요인은 무엇보다 장기적인 협력을 통하여 신뢰성을 준 것이라고 생각된다. 싱가포르는 해외 개발사업에서 여러 어려움을 겪었다. 1997년의 아시아 외환위기와 2008년 리먼브러

더스 사태로 인한 금융위기 시 싱가포르는 해외 투자에서 대규모 손실을 봤다. 1998년에는 인도네시아의 정권 교체로 어려움을 겪었으며, 개발 초기에 투자가 증가하고 수익은 발생하지 않아 장기간 손실도 있었으나 일관성 있게 사업을 추진하여 신뢰를 구축했다. 이 신뢰가 말레이시아, 중국, 베트남에서 25년 이상 많은 프로젝트를 수행하게 한 힘이었다.

북한 개발사업의 성공적 추진을 위해서는 단기적 성과보다 장기적 영향을 고려하고 사업의 지속성을 확보하여 상호 신뢰를 구축해야 한다.

감사의 글 _____

    이 책은 개성공단 중단 후 남북관계가 악화되어 남북 교류·협력 재개가 상당 기간 어려울 것으로 예상되고 있던 2017년 초, 향후 남북 건설 협력사업 재개 시 도움이 될 수 있도록 그동안 진행된 남북 건설 협력사업에 대한 자료를 정리하려는 의도에서 시작되었다. 남북 건설 협력사업은 1990년대 초반부터 2016년 개성공단이 중단되기 전까지 상당한 규모로 지속되었으나 대북사업 관계자들에게도 잘 알려져 있지 않았다.

    책으로 출간하려는 계획은 없었고 향후 남북관계에 관심이 있거나 남북 경협사업을 하려는 사람 또는 기업체에 제공할 수 있는 자료를 만드는 것이 목적이었으나, 의외로 자료에 관심을 가지는 사람들이 많았고 그동안 시행된 남북 건설 협력사업이 잘 알려져 있지 않으므로 책을 출간하는 것이 효과적이라는 권유도 있어 2019년부터 책으로 출간할 수 있도록 정리를 했다.

    책의 출간을 위해서는 구체적인 조사가 필요하였으므로 2019년 하반기부터 그동안 남북 건설 협력사업을 추진한 단체, 기업 및 관련자들을 만나 면담을 하고 각종 기고문, 백서, 사진 등 자료의 도움을 받아서 글을 완성할 수 있었으며, 주변의 많은 격려와 권고가 책의 출간을 추진하는 힘이 되었다.

책의 출간을 검토하고 있던 2020년 1월 한반도평화경제포럼의 김일용 상임이사와 강미연 연구실장이 원고 초안을 읽고 출간 전 <주간경향> 연재를 주선해 주었다. <주간경향>의 박병률 편집장은 부족한 원고임에도 연재하도록 해 주었으며, 거친 원고를 잡지에 실을 수 있도록 김찬호 기자가 정리해 <주간경향>에 2021년 3월 22일부터 6개월간 연재를 할 수 있었다. 또한 건축사협회의 신규철 남북교류위원회 위원도 북한 건축 관련 내용을 <월간 건축사>에 연재할 수 있도록 주선해 주어 2021년 3월부터 10개월간 연재를 했다. 이 두 잡지의 연재는 글의 보완, 도면 및 사진 등 자료 확보에 많은 도움이 되었다. 연재에 도움을 주신 분들께 감사를 드린다.

글의 완성을 위해 현대아산으로부터 큰 도움을 받았다. 현대아산으로부터 금강산 관광, 평양 류경정주영체육관, 이산가족 면회소, 령통사 및 신계사 복원, 남북 도로 연결 공사 등의 자료를 제공받았다. 특히 금강산 현지에서도 근무한 경험이 있는 백천호 상무의 전폭적인 지원이 없었으면 글을 완성할 수 없었을 것이다. 또한 실무적으로 자료를 찾아준 박성준 차장에게도 감사를 드린다.

경수로 지원사업은 석임생(필명 리만근) 사진작가가 사업 현장에 7년간 근무하면서 촬영한 공개되지 않은 귀한 사진을 제공해 주었으며 현장에서 겪은 일들에 대해서도 말씀해 주었다. 김정신 단국대학교 명예교수께서는 경수로 지원 단지의 종교시설 설계 과정을 설명하고 준공사진을 제공해 주었다.

령통사 복원사업은 (새)나누며 하나되기의 진창호 사무처장께서 진행 과정과 사진 자료를 제공해 주었다. 몇 번의 방문과 전화 문의에도 귀찮아하지 않고 성의를 다해 설명해 주었고 원고 초안을 검토해 주었다.

신계사 복원은 대한불교조계종 이영호 사무국장이 많은 도움을 주었다. 사업 초기 북한과의 협의 및 현대아산과의 협력 과정 등 경험을 나눠 주었다. 조선건축사사무소의 윤대길 소장은 신계사 복원의 설계 및 공사 과정에 대해 전문적인 의견을 주었다.

봉수교회 재축사업은 (새)기쁜소식의 김용덕 이사장과 이기우 장로께서 많은 도움을 주었다. 바쁜 와중에도 흔쾌히 시간을 내어 공사 진행 과정과 준공 후 운영 현황까지 알려 주었다.

(새)어린이어깨동무의 김윤선 사무국장도 책 출간에 많은 도움을 주었다. 무작정 드린 전화에도 흔쾌히 면담에 응해 주었을 뿐 아니라 원고 초안을 읽고 조언과 격려를 아끼지 않았다. 김윤선 국장과의 만남이 없었다면 책 출간의 용기를 내지 못했을 것이다. 평양어린이병원, 평양의대 어린이병동 등과 관련해 여러 번의 면담 요청도 마다하지 않았고 사업 백서, 사진 자료 등을 제공해 주었다. 그뿐만 아니라 출판 관련 사항에 대한 조언과 민간단체의 대북 지원에 대한 설명도 글 작성에 큰 도움이 되었다.

평양라이온스안과병원은 ㈜천일건축엔지니어링 한규봉 대표님이 건설 백서, 도면, 사진 자료를 제공해 주었다. 고령임에도 불구하고 직접 만나 사업 과정을 설명해 주었다. 또한 유각수 전무와 은경아 실장이 실

북한의 건축 사람을 잇다

무적으로 지원을 해 주었다.

남북 철도·도로 연결사업에는 많은 분께서 도움을 주었다. ㈜정림건축종합건축사 사무소 이명훈 부사장께서는 사업 당시 육군건설단 공사계획처장으로 경의선 및 동해선 철도·도로 연결사업을 계획하고 현장에서 관리한 경험과 DMZ 안에서 공사 수행을 위한 남북군사실무회담 대표로 참석하여 북한 측 대표들과 협의한 내용, 공사 과정 등에 대하여 설명해 주고 자료를 제공해 주었다.

토마스건축사사무소의 이상행 소장은 2번의 북한 철도 점검 경험과 남북 철도·도로 연결 북측 구간의 기술지도 경험에 대한 설명뿐 아니라 향후 남북 철도 연결사업의 전망에 대한 의견도 주었다. 남북 철도·도로 연결 북측 구간 사업에 실무자로 참여하였던 김종호 전 현대아산 부장과 노경호 차장은 사업 진행 내용과 자료를 제공해 주었다.

평양과학기술대학교 건립사업은 평양과기대 이승율 총장께서 도움을 주었다. 코로나19로 운영이 어려운 가운데서도 평양과기대에 대한 원고 초안을 읽고 조언을 해 주었으며 동북아문화재단 등의 사진 자료 사용을 허락해 주었다.

평양과기대와 관련해서는 건축사협회 남북교류위원회 위원장인 김준봉 선양과학대 교수께서 옌벤과기대의 설립, 건축학과 설치 등에 대한 경험을 들려주었다.

천덕리 농촌시범마을 조성 공사에 대하여 ㈔남북나눔에서 홈페이지의 사진 사용을 허락해 주었으며, 천덕리 마을 공사에 참여하였던 ㈜미래나눔재단의 윤환철 사무국장이 진행 과정에 대한 설명과 더불어 원고 초안을 검토해 주었다.

정림건축으로부터 평양과기대 및 천덕리 마을 조성사업에 대한 도면, 사진 등 자료를 받아 원고를 완성했다. 또한 이 두 프로젝트의 설계를 총괄했던 이형재 가톨릭관동대학교 교수(전 정림건축 디자인 부문 사장)의 학술대회 발표 내용을 참조했다.

남북경제문화교류재단은 북한 방송의 사진 사용을 허락해 주었다.

북한 건축의 현황 파악에 도움을 주었으나 이름을 밝히기 바라지 않은 분들, 그 외에도 이 글에서 언급하지 못했지만 남북 경협에 대한 경험담과 자료를 제공해 준 여러분에게도 감사를 드린다.

글이 잘 써지지 않아 머리를 싸매고 끙끙거리고 있을 때, '골방에서 도대체 뭐 하냐'며 핀잔을 주기도 했지만, 지켜보면서 응원해 준 아내에게도 감사를 전한다. 더불어 아들은 원고의 초안을 처음 읽은 독자로 글에 대한 의견을 주고 적극 지지해 주었다. 딸의 응원도 큰 힘이 되었다.

이 책은 정림건축, 더부엔지니어링의 도움을 받아 제작되었다.

정림건축은 평양 출신의 건축가 김정철·정식 형제가 1967년 창립했으며 청와대 본관, 인천국제공항, 국립중앙박물관, 상암 월드컵경기장, 연세세브란스병원, 서울대학교 본관, 이화여자대학교 등을 설계한 한국의 대표적인 건축사사무소이다. 김정철 회장은 실향민으로 또한 기독교인으로 북한 지원에 관심이 많았으므로 평양과기대, 천덕리 농촌시범마을 조성 공사 설계 시 대부분의 비용을 받지 않고 수행하기도 했다. 2010년 김정철 회장 사후 정림건축은 설립자의 유지를 받들어 남북한 건축 협력을 위한 남북경협TF를 운영하고 있다. 특히 김기한 대표와 남북경협 TF 팀장으로 활동하고 있는 이명훈 부사장은 남북 건축 협력의 필요성을 인식하고, 원고 초안을 검토하고 책 출간을 권유해 주었으며, 평양과 기대와 천덕리 농촌시범마을 관련 자료도 건축주와 협의하여 제공해 주었다.

㈜더부엔지니어링은 BIM 시공설계 분야의 리딩컴퍼니로서 AR, VR, 메타버스 등 스마트 건설 기술을 활용한 시공 V.E 컨설팅을 제공하는 회사이다. 롯데월드타워, 여의도 파크원 등 초고층 빌딩과 수많은 주상복합 및 대단지 공동주택의 시공설계 분야에 참여했다. 더부엔지니어링은 남북 경협의 성과물인 개성공업지구에 지사를 개설하고 50여 명의 북한 건설 관련 졸업생을 영입하여 교육을 진행, 사업화했다. 2016년 개성공단이 중단되면서 철수했으나 향후 남북관계 개선에 대비해 준비하고 있다. 더불어 VR, AR, MR, 메타버스 등 스마트 기술들을 개발하고 있으며 디지털 트윈(Digital Twin)의 완성을 위해 전사적인 노력을 하고 있다. 더부엔지니어링 김용희 대표도 출간 준비 과정에서부터 적극 지지하며 포기하지 않도록 끊임없이 격려를 해 주었다.

이 책이 출간될 수 있도록 지원해 준 두 기관에 특별한 감사를 드린다.